一目で伝わり、
相手を動かす！ →

ビジネス資料の
デザイン編集

資料作成の編集とデザインがわかる本

ⓔ ingectar-e

ソシム

はじめに

　本書はビジネス資料をよりわかりやすく、より伝わることをゴールに、ビジネス資料の「デザイン」と「編集」について解説しました。

　今まであまり語られてこなかった「編集」ですが、文章、文字サイズ、見出しの選定、図形のまとめ方など、資料作成のプロセスには「編集する」作業がたくさんある！ということに着目しました。

　「編集する」という考え方で作成していけば、資料はもっと整理整頓でき、より伝わるものになります。
　さらに、レイアウト、フォント、適切な配色など「デザイン」の要素も取り入れて何倍も相手に伝わる資料を作成していきましょう。

　ビジネスの現場で即実践できるよう、編集力のポイントは赤ペンと指差しでわかりやすくまとめましたので、明日からの資料作りにぜひ取り入れてみてください。

鍛えるべきは
「センス」ではなく、「編集力」

　あらゆる提案書や社内資料、企画書も「わかりやすい！」と感動されると嬉しいですし、速く伝わると仕事も速く進みますね。

ingectar-e

「編集力」が身につくとどうなる？

- 資料作成にあたって「誰に何をどうして欲しいか」考える癖がつく

▼

- 資料作成の効率（スピード）が上がる
- 口頭での説明もクリアになる

▼

- 企画や案が通りやすくなる

▼

- 仕事（プロジェクト）がうまくいく
- 自分の評価も上がる

▼

- お客さまの共感を得やすくなる
- 会社のブランディングやイノベーションにもつながる

▼

- 新しい仕事のチャンスがもらえる

ポジティブな循環が生まれる

　ビジネス資料作成が得意！ という人は珍しく、ほとんどのビジネスパーソンにとって資料作成は「面倒」「時間がとられる」ものではないでしょうか。しかし、編集力という考え方を知れば、これまでとは違った見方で資料作成に向き合えるかもしれません。

もう少し具体的に「編集力」を見ていきましょう

「編集力」の定義

　まずはじめに、本書における「編集力」の定義からご説明しましょう。

　ビジネス資料には必ず作る「目的」があります。どのような場で、誰を相手に、何を伝えて、どうしてほしいか。それによって資料に必要な情報・見せ方は大きく異なります。見せ方の方向性を間違えると、伝わるものも伝わらず、せっかく良いアイデアなのに「やり直し」になっては時間も労力ももったいないですよね。

つまり…

目的達成のために、
いかにわかりやすく、短時間で、
人を動かす資料を作れるか

その「力」を

編　集　力

と呼ぶことにしました

　本書では「編集力」にフォーカスをあて、さまざまな業種、シチュエーションを想定した作例を紹介しています。それらを見ていただくと、「簡潔で見た目もすっきりしていて1スライド1テーマを守れば良いんですよね?」と思われる方もいるかもしれません。

　しかし、状況によっては、スライドより詳細まで共有できるA4資料の方がいいかもしれません。相手によってはシンプルな資料よりも熱量を盛り込んだボリュームのある内容の方が心を動かせるかもしれません。それらを考える力もすべて「編集力」なのです。

「編集力」のイメージ

次に、編集力のイメージをざっくり掴んでもらうため、資料作成を頼まれた際の思考を追ってみましょう（フローや選択肢は一例です）。

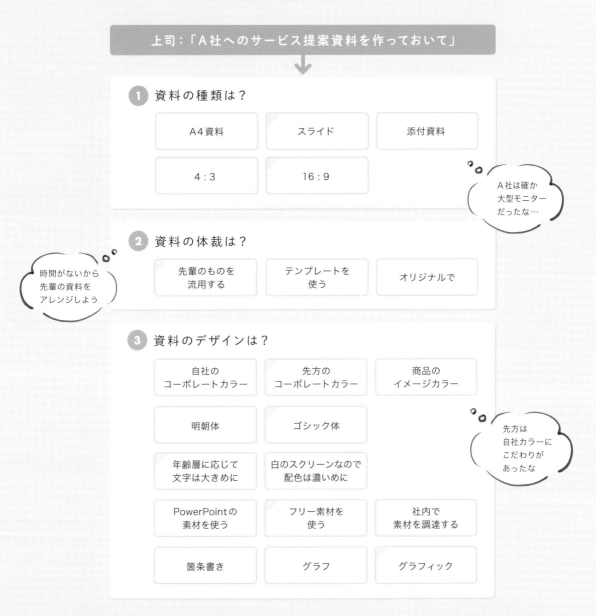

このように、「サービスを採用してもらう」という目的のために、たくさんある選択肢の中から最適なものを組み合わせて（編集して）伝わる資料を作るのです。

「デザイン」と「編集力」の関係

本書では「デザイン」の解説を通して「編集力」の引き出しを提案しています。

そもそも「デザイン」という言葉や、「色」「装飾」「レイアウト」「フォント」といった言葉を聞くと「それってデザイナーの仕事じゃないの?」「忙しい中でそこらへんにこだわってる時間ないから」と思われる方も少なくないと思います。

数年前から、ビジネスの場においても「デザイン思考」や「デザイン経営」という言葉を耳にする機会が増えましたが、「デザイン」という言葉には本来「設計」という意味があり、語源をたどると「計画を形にする」という意味があります。

つまり、色やフォントやレイアウトを突き詰める行為は、「見栄えを良くする」「かっこよくする」といったビジュアル面だけの話ではなく、計画を形にするために必要なプロセスなのです。

計画を形にするプロセス(=デザイン)

＼ 編集力の発揮 ／

課題 → 提案 → 解決

どれだけ良いアイデアであっても伝わらなければ意味がありません。たとえプレゼンテーションが苦手であっても、「編集力」を鍛えればその資料で相手を動かすことができるかもしれません。

「編集力」を身につけて
よりわかりやすく
より効率良く
より伝わる資料を作れるようになりましょう!

ではさっそく本編に…

と、その前に
この本の登場人物を紹介しておきましょう

新入社員

新米 はじめ

入社したての新入社員。新人は
何でもやってみるべし！という
上司の指導のもと、日々新しい仕
事にトライしている。頑張り屋
さんだが楽観的でどこか抜けて
いるのが困ったところでもあり
にくめないところ…。

SHINMAI HAJIME

上 司

編田 力夫

数々の若手社員の編集力を鍛え
てきたベテラン上司。時に優しく、
時に厳しく、新米にあらゆるチャ
レンジをさせている。最近の楽
しみは、新米が一丁前に「それっ
ぽいこと」を言うようになってき
たことらしい。

AMITA RIKIO

この2人と一緒に
「編集力」の中身を見ていきましょう

本書の使い方

伝わる資料作成のための
編集ポイント を 4 ページで解説

「資料のやり直しが多い」「頑張って作ったのに伝わらない」「資料作りにやたら時間がかかる」。そんなビジネス資料作成における悩みと解決法を1テーマにつき4ページでまとめました。

レイアウトや配色といったデザイン面だけでなく、アプローチの仕方や考え方にまで及んだ「編集ポイント」を添削スタイルで紹介していきますので、ぜひ日ごろの資料作成の参考にしてください。

1ページ目 Before 作例

新米くんが作った資料。「伝わらない」「やり直しが多い」「時間がかかる」資料にありがちなポイントが多く見られます。

2ページ目 After 作例

上司のアドバイスを受けて修正した資料。情報の強弱がついた、見やすくわかりやすい資料に仕上げています。

実際のシチュエーション
を想定した資料テーマ

資料の目的に応じた
修正ポイント

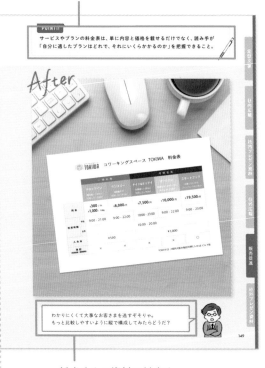

新米くんなりの
資料作成の意図や思い

新米くんの資料に対する
上司のアドバイス

3ページ目 問題点の洗い出し

新米くんの資料の問題点をひとつひとつ洗い出し、それぞれに応じた編集ポイントを紹介しています。

4ページ目 修正ポイントと目的

より伝わる資料になるよう行った修正点と、「これができるともっと良くなる」編集力を紹介しています。

やり直しの理由を
一言で表しています

修正のポイントを
一言で表しています

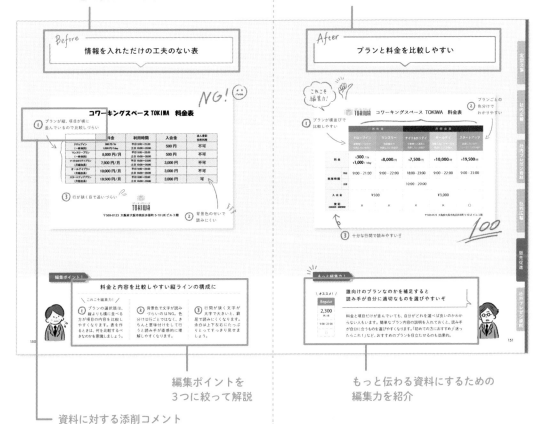

編集ポイントを
3つに絞って解説

もっと伝わる資料にするための
編集力を紹介

資料に対する添削コメント

ビジネス資料のデザイン編集

CONTENTS

社内資料　EDIT 01 /// 定型文書

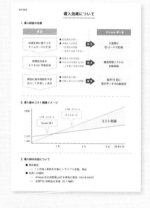

社内資料　**EDIT 02** /// 社内広報

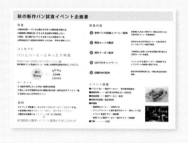

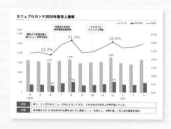

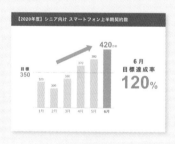

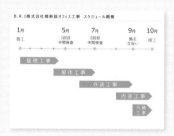

社内資料編　もっとデザインにこだわるなら　・・・・・・・・・・・・・・・・・・・・　

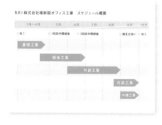

CASE 01　社内報の新入社員紹介ページ

CASE 02　社内イベントの
　　　　　告知ポスター

CASE 03　スケジュール概要

社外資料 EDIT 04 /// 社外広報

社外向け広報誌 ・・・・・・・・・ 110

新卒採用パンフレット ・・・ 114

CSRレポート ・・・・・・・・・・・・ 118

名刺 ・・・・・・・・・・・・・・・・・・ 122

イベント開催の ・・・・・・・・・・・ 126
プレスリリース

SNSを使った ・・・・・・・・・・・・ 130
地方自治体のブランディング

 column　　配色の考え方 ・・・・・・・・・・・・・・・・・・・・・・・・・・・・・　164

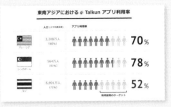

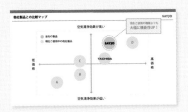

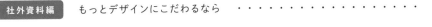

CASE 01　社外向け広報誌

CASE 02　名刺

CASE 03　顧客向けセミナー
告知案内状

EDIT

01

定型文書の目的とは

　社外向けの文書には形式や礼儀などが重視される一方で、社内文書は簡潔さと正確さがより重視されます。決裁を求めたり、通知や報告などを行ったり、とにかくスピードが肝心。PCやフォーマットを使って時短を図るのはもちろん、忙しい相手が短時間で理解し、判断ができるよう、要点をまとめて結論から書くことも大事です。そして何より、社内文書は自分をアピールできる場。「お、こんなにわかりやすく作れるようになったんだな」「今回は早いじゃないか」、そう思ってもらうためにも、状況に応じた編集力が発揮できるよう頑張りましょう！

アピールってことは
熱意を文章にするってことですか？

自分の想いだけでなく、「相手の状況も考慮した
内容」になっているかが肝心なアピールポイントだ

Before

2021 年 10 月 1 日

業 務 日 報

報告者		確認者サイン		
上集 郁矢		課 長	部 長	本部長
		本田		

本日の目標
ウェリコム 社 の 新規 プロモーション コンペにて 採用 して 頂くこと

業務内容

(1) 社内ミーティング (9:30 - 10:00)

(2) 外出 (10:15 - 14:00)
　　ウェリコム社 にて 新規 プロモーション の プレゼンコンペ

(3) コンペの 振り返りミーティング (14:30 - 15:00)

(4) ウェリコム 株式会社 の 次回用 プレゼン 資料 作成 (15:00 - 18:00)

(5) プロジェクト ミーティング (18:30 - 19:00)

・所感
今日のプレゼンでは 次回 見送りと なったが、
部長に アドバイス いただきながら 練った 提案・販促 プロモーション 面では
弊社 の方が 魅力的 であると コメントを 頂けて 良かった。

報告・連絡事項など
下期の目標 シートを 作成 したので、また おすきの際に
ご確認 よろしく お願い します。

どの部門の人でも書きやすいように
自由度の高いフォーマットを作りましたよ！

定型文書

社内広報

社内プレゼン資料

社外広報

販売促進

社外プレゼン資料

POINT!!

日報を書くことも読むことも無駄な作業になってはもったいない。
自主的に振り返り、考える習慣がつくような意味のあるフォーマットを作ろう。

After

業務日報

報告日	2021年10月1日（金）
部署名	営業2課
担　当	上集 郁矢

今日の目標
ウェリコム社の新規プロモーションコンペにて採用していただくこと

今日の業務内容
 9:30-10:00　社内ミーティング
10:15-14:00　外出（ウェリコム株式会社にて新規プロモーションのプレゼンコンペ）
14:30-15:00　コンペの振り返りミーティング
15:00-18:00　ウェリコム株式会社の次回用プレゼン資料作成
18:30-19:00　プロジェクトミーティング

今日の振り返り・所感
今日時点では競合の常磐アクロス社との差があまりなく決定まで至らず次回見送りとなった。ウェリコム社が決めかねている点は起用タレントと予算とのことだったが、今回に向け部長にアドバイスいただきながら練った提案・販促プロモーションでは弊社の方が魅力的であるとコメントをいただけて良かった。

課題及び改善点
起用タレントについては概ねご理解をいただいており、そこの予算を大きく調整するのは難しいため、次回は低予算にも対応できるSNSの広告やラジオ広告をメインとしたプロモーションを軸に、見積もり10%減／15%減の2パターンを用意し再提案したいと思う。

明日の目標
ウェリコム社の次回コンペに向け、見積り資料作成を進める。

その他の連絡事項
下期の目標シートを作成したので、またお手すきの際にご確認よろしくお願いいたします。

コメント欄
ウェリコム社でのコンペお疲れ様でした。コンペでのプレゼンだいぶ慣れてきましたね。提案・販促プロモーション面では弊社が優位でしたが、一方で常磐アクロス社が優位だった点を押さえてカバーする必要があります。また、大きなプロモーションの方向性はすでにOKをいただいているので、再提案ではその方向性を維持したまま低予算案をご提案できるようにしましょう。

そりゃ書く方も読む方も大変だろ…手書きだし…
振り返りを促すようなフォーマットにしてあげたらどうだ？

無駄な作業になりかねないフォーマット

2021 年 10 月 1 日

業 務 日 報

報告者	確認者サイン

報告者		課長	部長	本部長
上集 郁矢		本番		

本日の目標

ウェリコム社の新規プロモーションコンペにて採用して頂くこと

業務内容

(1) 社内ミーティング (9:30 – 10:00)

(2) 外出 (10:15 – 14:00)
　　ウェリコム社にて新規プロモーションのプレゼンコンペ

(3) コンペの振り返りミーティング (14:30 – 15:00)

(4) ウェリコム株式会社の次回用プレゼン資料作成 (15:00 – 18:00)

(5) プロジェクトミーティング (18:30 – 19:00)

・所感
今日のプレゼンでは次回見送りとなったが
部長にアドバイスいただきながら練った提案・販促プロモーション面では
弊社の方が魅力的であるとコメントを頂けて良かった。

報告・連絡事項など

下期の目標シートを作成したので、またお手すきの際に
ご確認よろしくお願いします。

① 自由度が高すぎる
フォーマット

② 手書きは
効率が悪い

③ 上司からのコメント欄がなく
コミュニケーションがとれない

編集ポイント！

業務改善を意識したフォーマットにする

＼ とりわけ編集力！／

① これでは記入者によって内容にばらつきが出ます。課題と解決策を考えさせ、改善実施につなげることを目的としたフォーマットに。

② 手書きは書く手間も管理も大変。IT化してスマートフォンやPCからいつでも作成・更新できるようにしておけば業務効率が良くなります。

③ 日報は大事なコミュニケーションツール。情報を共有し、社員のモチベーションを上げることができる、上司にとっても貴重な場なのです。

自ら考え振り返ることが習慣になるフォーマット

業務日報

報告日	2021年10月1日（金）
部署名	営業2課
担 当	上集 郁矢

今日の目標
ウェリコム社の新規プロモーションコンペにて採用していただくこと

今日の業務内容
 9:30-10:00　社内ミーティング
10:15-14:00　外出（ウェリコム株式会社にて新規プロモーションのプレゼンコンペ）
14:30-15:00　コンペの振り返りミーティング
15:00-18:00　ウェリコム株式会社の次回用プレゼン資料作成
18:30-19:00　プロジェクトミーティング

今日の振り返り・所感
今日時点では競合の常磐アクロス社との差があまりなく決定まで至らず次回見送りとなった。ウェリコム社が決めかねている点は起用タレントと予算とのことだったが、今回に向け部長にアドバイスいただきながら練った提案・販促プロモーション面では弊社の方が魅力的であるとコメントをいただけて良かった。

課題及び改善点
起用タレントについては概ねご理解をいただいており、そこの予算を大きく調整するのは難しいため、次回は低予算にも対応できるSNSの広告やラジオ広告をメインとしたプロモーションを軸に、見積もり10%減 / 15%減の2パターンを用意し再提案したいと思う。

明日の目標
ウェリコム社の次回コンペに向け、見積り資料作成を進める。

その他の連絡事項
下期の目標シートを作成したので、またお手すきの際にご確認よろしくお願いいたします。

コメント欄
ウェリコム社でのコンペお疲れ様でした。コンペでのプレゼンだいぶ慣れてきましたね。提案・販促プロモーション面では弊社が優位でしたが、一方で常磐アクロス社が優位だった点を押さえてカバーする必要があります。また、大きなプロモーションの方向性はすでにOKをいただいているので、再提案ではその方向性を維持したまま低予算案をご提案できるようにしましょう。

② IT化することで書く側も確認する側も効率が良くなる

とりわけ編集力！

① 課題と解決策を自分で考えさせるフォーマット

③ 上司からのコメントでモチベーションアップ！

もっと編集力！

改善を含めた振り返りから次のアクションまでのPDCAサイクルを習慣化させるようなフォーマットに！

PDCAとは、「Plan＝計画」「Do＝実行」「Check＝評価」「Action＝改善」の4つの英単語の頭文字で、これを循環させることで仕事を改善・効率化することができると言われています。日報は日々の業務を自分自身で確認することができる貴重なツール。どんどん活用していきましょう。

稟議書の添付資料

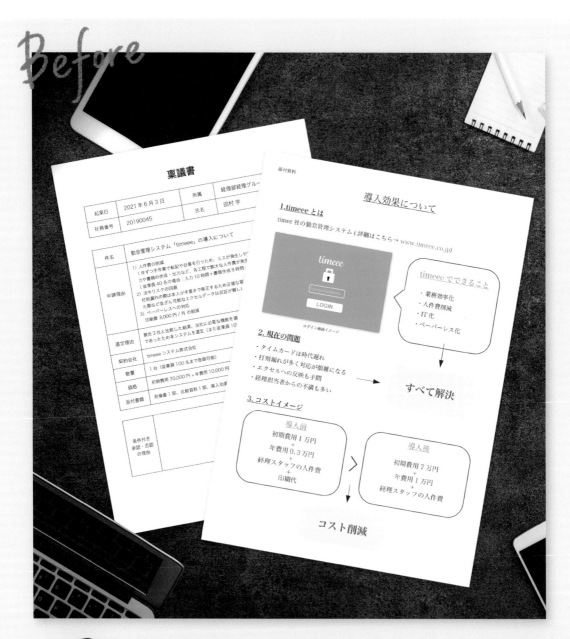

稟議書通らなくて、添付書類作ってもう一回出したんです
けどまた通らなかったんです…諦めようかな…

定型文書

社内広報

社内プレゼン資料

社外広報

販売促進

社外プレゼン資料

POINT!!

「稟議書がなかなか通らない」のには理由があるはず。忙しい上司相手に、
自社へのメリットとデメリットへの対応策が短時間でわかる資料を意識しよう。

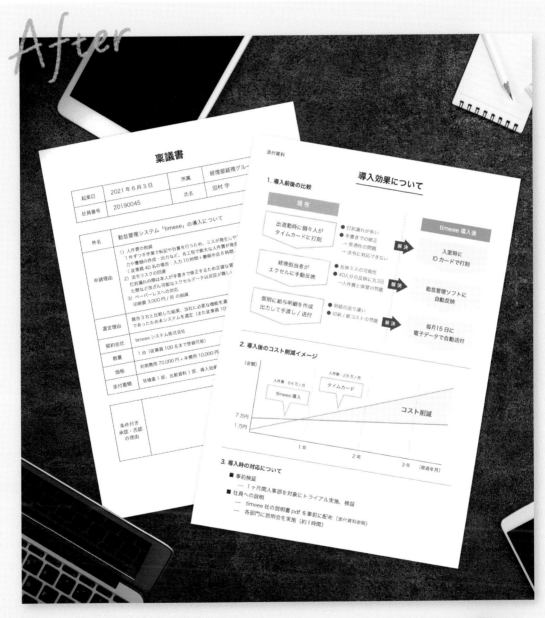

良いことばっかり書くんじゃなくて
デメリットをどうカバーするかを書かないと!

Before

冷静な判断に基づいていないと思われる

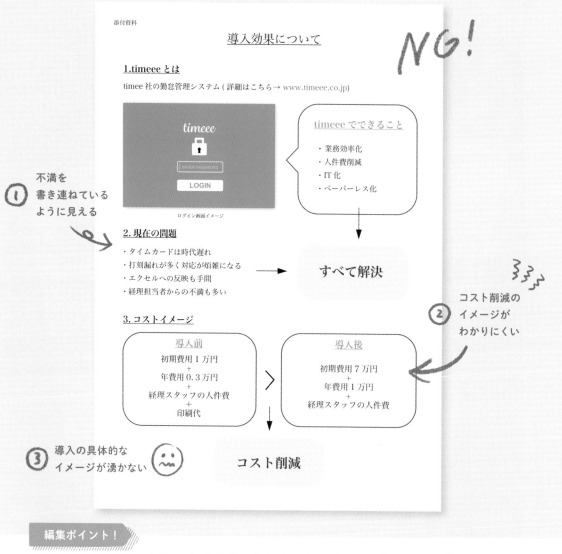

添付資料

導入効果について

NG!

1.timee とは

timee 社の勤怠管理システム (詳細はこちら→ www.timeee.co.jp)

timeee

ENTER PASSWORD

LOGIN

ログイン画面イメージ

timeee でできること

・業務効率化
・人件費削減
・IT 化
・ペーパーレス化

① 不満を書き連ねているように見える

2. 現在の問題

・タイムカードは時代遅れ
・打刻漏れが多く対応が煩雑になる
・エクセルへの反映も手間
・経理担当者からの不満も多い

すべて解決

② コスト削減のイメージがわかりにくい

3. コストイメージ

導入前
初期費用 1 万円
＋
年費用 0.3 万円
＋
経理スタッフの人件費
＋
印刷代

導入後
初期費用 7 万円
＋
年費用 1 万円
＋
経理スタッフの人件費

③ 導入の具体的なイメージが湧かない

コスト削減

編集ポイント！

メリットよりもデメリットをカバーすることが大事

① 稟議書は「会社にどれほどメリットがあるか」を見せることが大切。曖昧な表現ではなく、具体的な数字で将来性を示すと承認されやすくなります。

＼ こだわり編集力！ ／

② 数字だけ見ると導入する方がコストが高く感じます。コストが削減されるイメージを具体的なグラフなどにしてわかりやすく伝えましょう。

③ メリットばかりの稟議書は基本的にありません。「導入後すぐに使うの？」「社員にはどう周知させるの？」といった質問を先回りしてカバーしましょう。

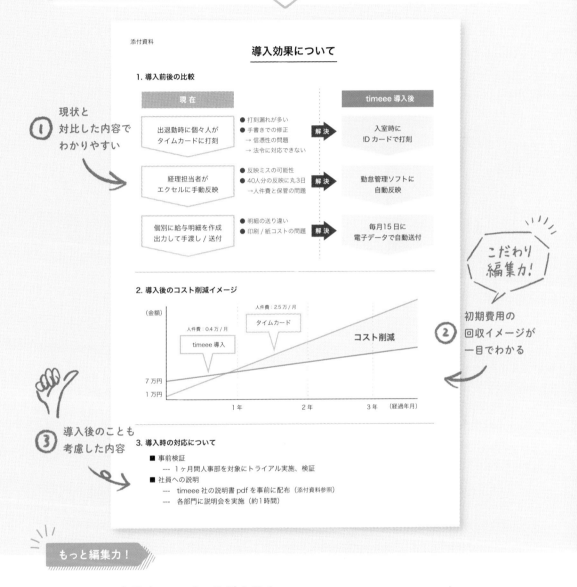

メリットとデメリット対策がわかりやすい

添付資料

導入効果について

1. 導入前後の比較

現在		timeee 導入後
出退勤時に個々人がタイムカードに打刻	● 打刻漏れが多い ● 手書きでの修正 → 信憑性の問題 → 法令に対応できない　**解決**	入室時にIDカードで打刻
経理担当者がエクセルに手動反映	● 反映ミスの可能性 ● 40人分の反映に丸3日 →人件費と保管の問題　**解決**	勤怠管理ソフトに自動反映
個別に給与明細を作成出力して手渡し / 送付	● 明細の送り違い ● 印刷 / 紙コストの問題　**解決**	毎月15日に電子データで自動送付

2. 導入後のコスト削減イメージ

(金額)

人件費：2.5万 / 月

人件費：0.4万 / 月

タイムカード

timeee 導入

コスト削減

7 万円
1 万円

1 年　　2 年　　3 年　(経過年月)

3. 導入時の対応について

■ 事前検証
--- 1ヶ月間人事部を対象にトライアル実施、検証
■ 社員への説明
--- timeee 社の説明書 pdf を事前に配布 (添付資料参照)
--- 各部門に説明会を実施 (約1時間)

① 現状と対比した内容でわかりやすい

こだわり編集力！

② 初期費用の回収イメージが一目でわかる

③ 導入後のことも考慮した内容

もっと編集力！

稟議書はスピードが大切！
フォーマット化や事前の根回しも大事なんだ

稟議書が一度差し戻されるだけで大きな時間のロスに。フォーマット化はもちろん、事前の根回しも大切です。事前に承認者に一言相談しておけばデメリット要素に対する意見を聞き出すこともでき、稟議書が回ってきたときにも「ああこの間のあれね」と理解もスムーズに。

定型文書

社内広報

社内プレゼン資料

社外広報

販売促進

社外プレゼン資料

従業員満足度調査アンケート

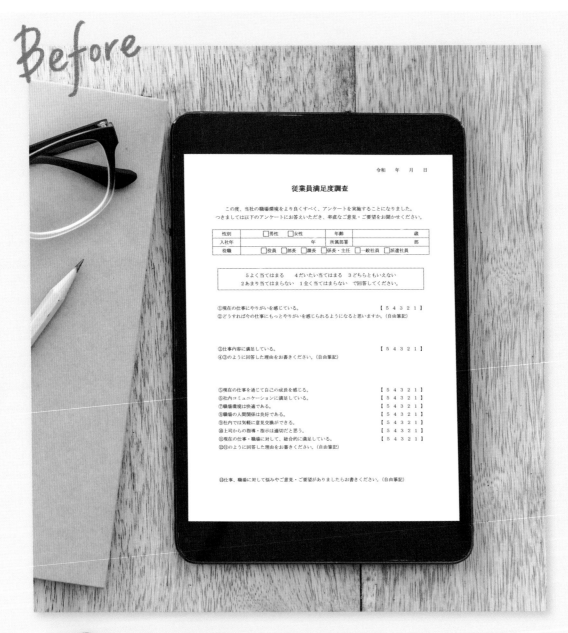

Before

満足度調査アンケートを作りました!
選択式に加えて、記述項目も設けましたよ!

定型文書

社内広報

社内プレゼン資料

社外広報

販売促進

社外プレゼン資料

POINT!!

個人が特定されやすい社内において、職場環境や評価への影響などの恐れを
踏まえたうえで、できるだけ本音を聞き出せるような内容にすることが大切。

After

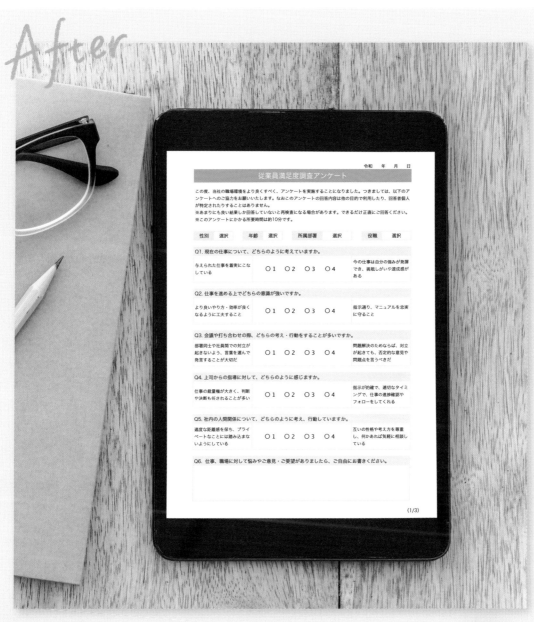

令和　年　月　日

従業員満足度調査アンケート

この度、当社の職場環境をより良くすべく、アンケートを実施することになりました。つきましては、以下の
アンケートへのご協力をお願いいたします。なおこのアンケートの回答内容は他の目的で利用したり、回答者個人
が特定されたりすることはありません。
※あまりにも良い結果しか回答していないと再検査になる場合があります。できるだけ正直にご回答ください。
※このアンケートにかかる所要時間は約10分です。

性別　選択　　年齢　選択　　所属部署　選択　　役職　選択

Q1. 現在の仕事について、どちらのように考えていますか。

| 与えられた仕事を着実にこなしている | ○1　○2　○3　○4 | 今の仕事は自分の強みが発揮でき、挑戦しがいや達成感がある |

Q2. 仕事を進める上でどちらの意識が強いですか。

| より良いやり方・効率が良くなるように工夫すること | ○1　○2　○3　○4 | 指示通り、マニュアルを忠実に守ること |

Q3. 会議や打ち合わせの際、どちらの考え・行動をすることが多いですか。

| 部署同士や社員間での対立が起きないよう、言葉を選んで発言することが大切だ | ○1　○2　○3　○4 | 問題解決のためならば、対立が起きても、否定的な意見や問題点を言うべきだ |

Q4. 上司からの指導に対して、どちらのように感じますか。

| 仕事の裁量権が大きく、判断や決断も任されることが多い | ○1　○2　○3　○4 | 指示が的確で、適切なタイミングで、仕事の進捗確認やフォローをしてくれる |

Q5. 社内の人間関係について、どちらのように考え、行動していますか。

| 適度な距離感を保ち、プライベートなことには踏み込まないようにしている | ○1　○2　○3　○4 | 互いの性格や考え方を尊重し、何かあれば気軽に相談している |

Q6. 仕事、職場に対して悩みやご意見・ご要望がありましたら、ご自由にお書きください。

(1/3)

それじゃあみんな「3」を選んでしまわないか？
本音を聞き出せるような質問作りをしないと

心理的な圧力をかけてしまう内容

令和　年　月　日

従業員満足度調査

この度、当社の職場環境をより良くすべく、アンケートを実施することになりました。
つきましては以下のアンケートにお答えいただき、率直なご意見・ご要望をお聞かせください。

性別	☐男性　☐女性	年齢	歳
入社年	年	所属部署	部
役職	☐役員　☐部長　☐課長　☐係長・主任　☐一般社員　☐派遣社員

5よく当てはまる　4だいたい当てはまる　3どちらともいえない
2あまり当てはまらない　1全く当てはまらない　で回答してください。

①現在の仕事にやりがいを感じている。　　　　　　　　　　【 5 4 3 2 1 】
②どうすれば今の仕事にもっとやりがいを感じられるようになると思いますか。（自由筆記）

③仕事内容に満足している。　　　　　　　　　　　　　　　【 5 4 3 2 1 】
④③のように回答した理由をお書きください。（自由筆記）

⑤現在の仕事を通じて自己の成長を感じる。　　　　　　　　【 5 4 3 2 1 】
⑥社内コミュニケーションに満足している。　　　　　　　　【 5 4 3 2 1 】
⑦職場環境は快適である。　　　　　　　　　　　　　　　　【 5 4 3 2 1 】
⑧職場の人間関係は良好である。　　　　　　　　　　　　　【 5 4 3 2 1 】
⑨社内では気軽に意見交換ができる。　　　　　　　　　　　【 5 4 3 2 1 】
⑩上司からの指導・指示は適切だと思う。　　　　　　　　　【 5 4 3 2 1 】
⑪現在の仕事・職場に対して、総合的に満足している。　　　【 5 4 3 2 1 】
⑫⑪のように回答した理由をお書きください。（自由筆記）

⑬仕事、職場に対して悩みやご意見・ご要望がありましたらお書きください。（自由筆記）

① 「5を選ぶのが正しい」というバイアスがかかりそうな質問

② 質問が抽象的すぎる

③ 多くの人が3を選んでしまいがちに

本音を聞き出すことを意識した内容に

＼ とりわけ編集力！ ／

① Afterのように選択肢の両サイドにイメージさせたい文章を配置することで、判断基準を迷わせず、重視している割合を知ることができます。

② 抽象的で、人によって思い浮かべる内容が異なるような質問は控えましょう。できるだけ具体的で、シーンがわかりやすい質問に。

③ 選択肢が奇数だと多くの人が真ん中を選んでしまい本音が聞き出しにくくなります。選択肢は偶数にして、真ん中を作らないようにしましょう。

After

回答者の本音が引き出せる内容

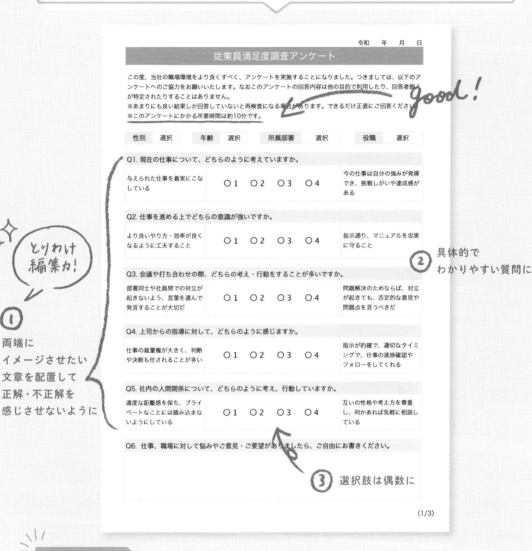

令和　年　月　日

従業員満足度調査アンケート

この度、当社の職場環境をより良くすべく、アンケートを実施することになりました。つきましては、以下のアンケートへのご協力をお願いいたします。なおこのアンケートの回答内容は他の目的で利用したり、回答者個人が特定されたりすることはありません。
※あまりにも良い結果しか回答していないと再検査になる場合があります。できるだけ正直にご回答ください。
※このアンケートにかかる所要時間は約10分です。

good !

| 性別 | 選択 | 年齢 | 選択 | 所属部署 | 選択 | 役職 | 選択 |

Q1. 現在の仕事について、どちらのように考えていますか。
与えられた仕事を着実にこなしている　○1　○2　○3　○4　今の仕事は自分の強みが発揮でき、挑戦しがいや達成感がある

Q2. 仕事を進める上でどちらの意識が強いですか。
より良いやり方・効率が良くなるように工夫すること　○1　○2　○3　○4　指示通り、マニュアルを忠実に守ること

Q3. 会議や打ち合わせの際、どちらの考え・行動をすることが多いですか。
部署同士や社員間での対立が起きないよう、言葉を選んで発言することが大切だ　○1　○2　○3　○4　問題解決のためならば、対立が起きても、否定的な意見や問題点を言うべきだ

Q4. 上司からの指導に対して、どちらのように感じますか。
仕事の裁量権が大きく、判断や決断も任されることが多い　○1　○2　○3　○4　指示が的確で、適切なタイミングで、仕事の進捗確認やフォローをしてくれる

Q5. 社内の人間関係について、どちらのように考え、行動していますか。
適度な距離感を保ち、プライベートなことには踏み込まないようにしている　○1　○2　○3　○4　互いの性格や考え方を尊重し、何かあれば気軽に相談している

Q6. 仕事、職場に対して悩みやご意見・ご要望がありましたら、ご自由にお書きください。

(1/3)

とりわけ編集力！

① 両端にイメージさせたい文章を配置して正解・不正解を感じさせないように

② 具体的でわかりやすい質問に

③ 選択肢は偶数に

もっと編集力！

Before 満足度調査

After 満足度調査

回答する際の緊張感を少しでも和らげるために、フォントや配色にも配慮してみよう

明朝体は回答者に緊張感を与えてしまうこともあるため、読みやすさの面からもゴシック体がおすすめです。また、リラックスして回答してもらうために落ち着いた色を使うのも良いでしょう。アンケートの目的は現状把握と課題の明確化だということをお忘れなく！

調査レポート

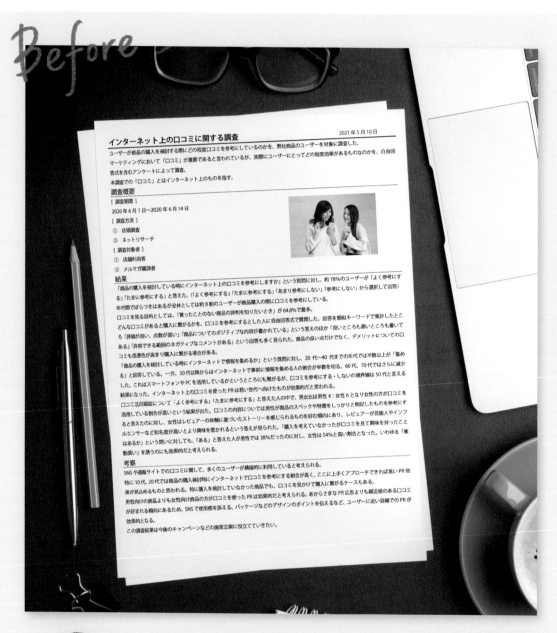

Before

インターネット上の口コミに関する調査

2021年5月10日

ユーザーが商品の購入を検討する際にどの程度口コミを参考にしているのかを、弊社商品のユーザーを対象に調査した。
マーケティングにおいて「口コミ」が重要であると言われているが、実際にユーザーにとってどの程度効果があるものなのかを、自由回答式を含むアンケートによって調査。
本調査での「口コミ」とはインターネット上のものを指す。

調査概要

[調査期間]
2020年6月1日～2020年6月14日
[調査方法]
① 店頭調査
② ネットリサーチ
[調査対象者]
① 店舗利用客
② メルマガ購読者

結果

「商品の購入を検討している時にインターネット上の口コミを参考にしますか」という質問に対し、約78%のユーザーが「よく参考にする」「たまに参考にする」と答えた。（「よく参考にする」「たまに参考にする」「あまり参考にしない」「参考にしない」から選択して回答）年代間でばらつきはあるが全体としては約8割のユーザーが商品購入の際に口コミを参考にしている。
口コミを見る目的としては、「買ったことのない商品の評判を知りたいとき」が64.8%で最多。どんな口コミがあると購入に繋がるかを、口コミを参考にするとした人に自由回答式で質問した。回答を類似キーワードで集計したところ「評価が良い、点数が高い」「商品についてのポジティブな内容が書かれている」という答えのほか「良いところも悪いところも書いてある」「許容できる範囲のネガティブなコメントがある」という回答も多く見られた。商品の良い点だけでなく、デメリットについての口コミも信憑性が高まり購入に繋がる場合がある。
「商品の購入を検討している時にインターネットで情報を集めるか」という質問に対し、20代～40代までの年代では半数以上が「集める」と回答している。一方、50代以降からはインターネットで事前に情報を集める人の割合が半数を切る。60代、70代ではさらに減少した。これはスマートフォンやPCを活用しているかというところにも繋がるが、口コミを参考にする・しないの境界線は50代と言える結果になった。インターネット上の口コミを使ったPRは若い世代へ向けたものが効果的だと思われる。
口コミ活用頻度について「よく参考にする」「たまに参考にする」と答えた人の中で、男女比は男性4：女性6となり女性の方が口コミを活用している割合が高いという結果が出た。口コミの内容については男性が商品のスペックや特徴をしっかり明記したものを参考にすると答えたのに対し、女性はレビュアーの体験に基づいたストーリーを感じられるものを好む傾向にあり、レビュアーが芸能人やインフルエンサーなど知名度が高いことより興味を惹かれるという答えが見られた。「購入を考えていなかった口コミを見て興味を持ったことはあるか」という問いに対しても、「ある」と答えた人が男性では38%だったのに対し、女性は54%と高い割合となった。いわゆる「衝動買い」を誘うのにも効果的だと考えられる。

考察

SNSや通販サイトでの口コミに関して、多くのユーザーが積極的に利用していると考えられる。特に10代、20代では商品の購入検討時にインターネットで口コミを参考にする割合が高く、ここに上手くアプローチできれば高いPR効果が見込めるものと思われる。特に購入を検討していなかった商品でも、口コミを見かけて購入に繋がるケースもある。男性向けの商品よりも女性向け商品の方が口コミを使ったPRは効果的だと考えられる。あからさまなPR広告よりも親近感のある口コミが好まれる傾向にあるため、SNSで使用感を訴える、パッケージなどのデザインのポイントを伝えるなど、ユーザーに近い目線でのPRが効果的となる。
この調査結果は今後のキャンペーンなどの施策立案に役立てていきたい。

いや～文字量がすごく多かったので大変でしたよ！
見出しもつけたので読みやすくないですか？！

定型文書
社内広報
社内プレゼン資料
社外広報
販売促進
社外プレゼン資料

POINT!!

レポートのような文章量が多い資料は、じっくり読みこめる反面、
読むのに時間がかかるため、読み手を疲れさせない配慮が必要。

1行にそんなに文字を詰め込んで誰が読むんだよ…
2列に分けてごらん。読みやすくなるぞ

文字が多く詰まった印象

インターネット上の口コミに関する調査

2021 年 5 月 10 日

ユーザーが商品の購入を検討する際にどの程度口コミを参考にしているのかを、弊社商品のユーザーを対象に調査した。
マーケティングにおいて「口コミ」が重要であると言われているが、実際にユーザーにとってどの程度効果があるものなのかを、自由回答式を含むアンケートによって調査。
本調査での「口コミ」とはインターネット上のものを指す。

調査概要

［ 調査期間 ］
2020 年 6 月 1 日～2020 年 6 月 14 日
［ 調査方法 ］
① 店頭調査
② ネットリサーチ
［ 調査対象者 ］
① 店舗利用客
② メルマガ購読者

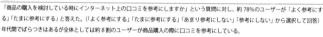

結果

「商品の購入を検討している時にインターネット上の口コミを参考にしますか」という質問に対し、約 78%のユーザーが「よく参考にする」「たまに参考にする」と答えた。（「よく参考にする」「たまに参考にする」「あまり参考にしない」「参考にしない」から選択して回答）年代間でばらつきはあるが全体としては約 8 割のユーザーが商品購入の際に口コミを参考にしている。

口コミを見る目的としては、「買ったことのない商品の評判を知りたいとき」が 64.8%で最多。

どんな口コミがあると購入に繋がるかを、口コミを参考にするとした人に自由回答式で質問した。回答を類似キーワードで集計したところ「評価が良い、点数が高い」「商品についてのポジティブな内容が書かれている」という答えのほか「良いところも悪いところも書いてある」「許容できる範囲のネガティブなコメントがある」という回答も多く見られた。商品の良い点だけでなく、デメリットについての口コミも信頼性が高まり購入に繋がる場合がある。

「商品の購入を検討している時にインターネットで情報を集めるか」という質問に対し、20 代～40 代までの年代では半数以上が「集める」と回答している。一方、50 代以降からはインターネットで事前に情報を集める人の割合が半数を切る。60 代、70 代ではさらに減少した。これはスマートフォンや PC を活用しているかというところにも繋がるが、口コミを参考にする・しないの境界線は 50 代と言える結果になった。インターネット上の口コミを使った PR は若い世代へ向けたものが効果的だと思われる。

口コミ活用頻度について「よく参考にする」「たまに参考にする」と答えた人の中で、男女比は男性 4：女性 6 となり女性の方が口コミを活用している割合が高いという結果が出た。口コミの内容については男性が商品のスペックや特徴をしっかり明記したものを参考にすると答えたのに対し、女性はレビュアーの体験に基づいたストーリーを感じられるものを好む傾向にあり、レビュアーが芸能人やインフルエンサーなど知名度が高いとより興味を惹かれるという答えが見られた。「購入を考えていなかったが口コミを見て興味を持ったことはあるか」という問いに対しても、「ある」と答えた人が男性では 38%だったのに対し、女性は 54%と高い割合となった。いわゆる「衝動買い」を誘うのにも効果的だと考えられる。

考察

SNS や通販サイトでの口コミに関して、多くのユーザーが積極的に利用していると考えられる。

特に 10 代、20 代では商品の購入検討時にインターネットで口コミを参考にする割合が高く、ここに上手くアプローチできれば高い PR 効果が見込めるものと思われる。特に購入を検討していなかった商品でも、口コミを見かけて購入に繋がるケースもある。

男性向けの商品よりも女性向け商品の方が口コミを使った PR は効果的だと考えられる。あからさまな PR 広告よりも親近感のある口コミが好まれる傾向にあるため、SNS で使用感を訴える、パッケージなどのデザインのポイントを伝えるなど、ユーザーに近い目線での PR が効果的となる。

この調査結果は今後のキャンペーンなどの施策立案に役立てていきたい。

---

① 文字を流しこんだだけなので読みづらい

③ 余白がなく詰まっている

② 見出しが本文に埋もれている

編集ポイント！

一目で全体の構成と概要が理解できるレイアウトに

＼ひときわ編集力！／

① 紙面いっぱいに文字を流しこむと文字だらけになり、読むのが面倒な印象になります。2 列構成にすれば 1 行の文字数が減り読みやすくなります。

② 要点を小見出しにしておくと内容が伝わりやすく、読み手の興味を引きやすくなります。色やあしらいでメリハリを出し、本文と差別化しましょう。

③ 紙面の周囲と項目間に余白をとることでまとまりができ、構成がわかりやすくなります。見た目もすっきりして、読み手の負担も軽減できます。

2列構成と見出し使いですっきり

インターネット上の口コミに関する調査

2021年5月10日

ユーザーが商品の購入を検討する際にどの程度口コミを参考にしているのかを、弊社商品のユーザーを対象に調査した。マーケティングにおいて「口コミ」が重要であると言われているが、実際にユーザーにとってどの程度効果があるものなのかを、自由回答式を含むアンケートによって調査。本調査での「口コミ」とはインターネット上のものを指す。

調査概要

[調査期間]
2020年6月1日〜2020年6月14日
[調査方法]
① 店頭調査　② ネットリサーチ
[調査対象者]
① 店舗利用客　② メルマガ購読者

結果

8割のユーザーが口コミを参考に

「商品の購入を検討している時にインターネット上の口コミを参考にしますか」という質問に対し、約78%のユーザーが「よく参考にする」「たまに参考にする」と答えた。
口コミを見る目的としては、「買ったことのない商品の評判を知りたいとき」が64.8%で最多。
どんな口コミがあると購入に繋がるかを、口コミを参考にするとした人に自由回答式で質問した。回答を類似キーワードで集計したところ「評価が良い、点数が高い」「商品についてのポジティブな内容が書かれている」という答えのほか「良いところも悪いところも書いてある」「許容できる範囲のネガティブなコメントがある」という回答も多く見られた。商品の良い点だけでなく、デメリットについての口コミも信憑性が高まり購入に繋がる場合がある。

口コミを参考にするかの境界線は「50代」

「商品の購入を検討する時にインターネットで情報を集めるか」という質問に対し、20代〜40代までの年代では半数以上が「集める」と回答している。一方、50代以降からはインターネットで事前に情報を集める人の割合が半数を切る。60代、70代ではさらに減少した。インターネット上の口コミを使ったPRは若い世代へ向けたものが効果的だと思われる。

男女比では女性の方が活用の割合が高い

口コミ活用頻度について「よく参考にする」「たまに参考にする」と答えた人の中で、男女比は男性4：女性6となり女性

の方が口コミを活用している割合が高いという結果が出た。口コミの内容については男性が商品のスペックや特徴をしっかりと明記したものを参考にすると答えたのに対し、女性はレビュアーの体験に基づいたストーリーを感じられるものを好む傾向にあり、レビュアーが芸能人やインフルエンサーなど知名度が高いとより興味を惹かれるという答えが見られた。
「購入を考えていなかったが口コミを見て興味を持ったことはあるか」という問いに対しても、「ある」と答えた人が男性では38%だったのに対し、女性は54%と高い割合となった。いわゆる「衝動買い」を誘うのにも効果的だと考えられる。

考察

SNSや通販サイトでの口コミに関して、多くのユーザーが積極的に利用していると考えられる。特に10代、20代は商品の購入検討時にインターネットで口コミを参考にする割合が高く、ここに上手くアプローチできれば高いPR効果が見込めるものと思われる。特に購入を検討していなかった商品でも、口コミを見かけて購入に繋がるケースもある。
男性向けの商品よりも女性向け商品の方が口コミを使ったPRは効果的だと考えられる。親近感のある口コミが好まれる傾向にあるため、SNSで便用感を訴える。パッケージなどのデザインのポイントを伝えるなど、ユーザーに近い目線でのPRが効果的となる。
この調査結果は今後のキャンペーンなどの施策立案に役立てていきたい。

ひときわ
編集力！

① 紙面を2列構成にして1行を短く

② 小見出しで内容を簡単に説明する

③ 見出しにあしらいや色をプラスし目立たせる

good！

文章量が多い紙面は、相手に読んでもらうことを常に意識してレイアウトにまで気を配ろう

忙しいからと言って、「とりあえず提出」することが目的になっていませんか。レポート本来の目的である、読み手にしっかり内容を理解してもらうことを忘れずに、配慮ある構成を考えましょう。パッと見たときに何の項目があるのかがわかるよう、情報を整理することがポイントです。

定型文書
社内広報
社内プレゼン資料
社外広報
販売促進
社外プレゼン資料

ビジネスマナーのマニュアル

Before

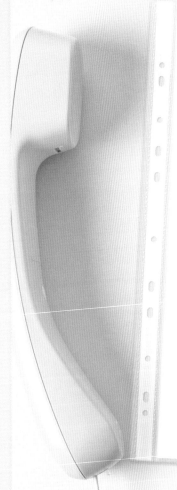

ビジネスマナーの基本マニュアル

ビジネスマナーは社会人が働く上で必要とされるマナーであり、ルールや規則とは違います。
様々な人と気持ちよく円滑に仕事を進めるための礼儀作法です。

挨拶	**職場や取引先では自分から笑顔で挨拶するようにしましょう。** * 出社したとき→「おはようございます」 * 外出する人へ→「行ってらっしゃい（ませ）」 * 外出した人が戻った時→「お帰りなさい（ませ）」 * 退社するとき→「お先に失礼します」
敬語の基本	**ビジネスでは敬語を使って、相手への心遣いと配慮を表現します。** 敬語には、尊敬語・謙譲語・丁寧語の３種類があります。 ・尊敬語：尊敬語は、相手を高めて敬意を表す言い方。 ・謙譲語：謙譲語は、自分を低くし、相手に敬意を表す言い方。 ・丁寧語：語尾に「です」「ます」をつけて、丁寧さを表す。
電話	**電話応対は緊張・失敗しないように以下を心がけましょう。** 電話は明るく丁寧に、声のトーンを上げて話すようにしましょう。 電話に出たら、「**お電話ありがとうございます。** **ウェリコム株式会社○○○と申します。**」と言いましょう。 ※「**もしもし**」は禁止 ・電話がかかってきたら、誰よりも先に受話器を取りましょう。 ・電話を取るのが遅れたら、「お待たせいたしました」とお詫びを入れる。 ・はっきりとした口調で話しましょう。 ・先方が名乗らなかった場合は相手をちゃんと確認しましょう。 ・聞き取れなかったことは再度確認しましょう。 ・担当者が不在の場合はメモを残しましょう（誰が、何を、いつまでに、どうして欲しいのか、がわかるように）。 ・自分で解決できない場合は、いったん保留にして周りにいるスタッフに確認しましょう。 ・相手の声が聞き取れないときは、聞き取れない旨を伝えましょう。 ・クレーム電話の場合は、「ご不便をおかけしており申し訳ございません」など親身的な対応を心がけましょう。

必要最低限を押さえてマニュアルを作ってみました！
これがあれば心強いと思います！

定型文書

社内広報

プレゼン資料

社外広報

販売促進

社外プレゼン資料

POINT!!

「書かれていることだけが仕事」とならないよう、標準化や効率化はもちろん、
目的を理解し、自主性を促すような内容になればベスト。

After

ビジネスマナーの基本マニュアル

03. 電話応対マニュアル

電話に出た社員の対応によって会社の印象が変わるため、とても大切な仕事です。
実際の会話よりも意識的に「明るく丁寧」に話すことと、「笑顔」で対応することを心がけましょう。

電話応対する際のキホン

● 言葉は丁寧にはっきりと話しましょう。

電話での印象が会社全体の印象につながりますので、明るい声のトーンで電話を受けるように心がけましょう。ただし、クレームなどの電話の場合は、内容に応じて声のトーンを落とすなど状況に応じた使い分けをしましょう。

● 3コールまでに電話を取りましょう。

電話が鳴ったらすぐに出る、相手を待たせないが基本です。3コールの時間は約10秒です。3コール以上で出た場合は、必ず「大変お待たせいたしました」を冒頭で忘れずに言いましょう。

● 復唱とメモは必須

電話を受ける際にメモ・筆記用具は欠かせないため、電話のすぐそばに置いておくなど、いつでも取れるようにしておきましょう。

電話を受けた時にありがちなシーン別の応対方法

● 担当者が不在の場合

最も多いのが、担当者が不在の時に電話がかかってくることです。
不在の理由は外出、出張、病欠、休暇などさまざまですが、いずれも担当者が不在である旨を伝えて、折り返しなど今後の対応を伺い立てることが基本となります。

● 余計な情報を漏らさない

電話を受けた時に、先方から携帯電話の番号を聞かれるケースや、行き先を尋ねられるケースもありますが、社内の情報を漏らすことは厳禁です。携帯電話の番号を聞かれた場合は、「本人から確認を取って、必要な場合は折り返し連絡します」などと伝え、不要な情報を漏らさない配慮が必要です。

● 離席中である場合

『ただ今、席を外しております』と告げたうえで、曖昧な言い方は避け、「5分程度で戻ります」というように、できるだけ具体的に答えましょう。相手がとても急いでいるようなら「わたくし○○がご用件を承りましょうか」という応対で伝言メモを書きます。

● 相手の声が聞き取れない時

先方の声が小さすぎて受話器の音量を上げても聞き取りにくいことも多々あります。この場合は、「申し訳ございません。お電話が遠いようですので一度お願いいたします」と聞き返します。先方の声の小ささを指摘すると失礼ですので、声が小さいのは電話や電波が悪いせいにすることがポイント。

それだとイレギュラーな対応に困るだろ？
なぜそうするのか、考え方の部分を丁寧に説明してあげよう

目的がわからない「やることリスト」

ビジネスマナーの基本マニュアル

ビジネスマナーは社会人が働く上で必要とされるマナーであり、ルールや規則とは違います。
様々な人と気持ちよく円滑に仕事を進めるための礼儀作法です。

挨拶	職場や取引先では自分から笑顔で挨拶するようにしましょう。 * 出社したとき→「おはようございます」 * 外出する人へ→「行ってらっしゃい（ませ）」 * 外出した人が戻った時→「お帰りなさい（ませ）」 * 退社するとき→「お先に失礼します」
敬語の基本	ビジネスでは敬語を使って、相手への心遣いと配慮を表現します。 敬語には、尊敬語・謙譲語・丁寧語の3種類があります。 ・尊敬語：尊敬語は、相手を高めて敬意を表す言い方。 ・謙譲語：謙譲語は、自分を低くし、相手に敬意を表す言い方。 ・丁寧語：語尾に「です」「ます」をつけて、丁寧さを表す。
電話	電話応対は緊張・失敗しないように以下を心がけましょう。 電話は明るく丁寧に、声のトーンを上げて話すようにしましょう。 電話に出たら、「お電話ありがとうございます。 ウェリコム株式会社○○○と申します。」と言いましょう。 ※「もしもし」は禁止 ・電話がかかってきたら、誰よりも先に受話器を取りましょう。 ・電話を取るのが遅れたら、「お待たせいたしました」とお詫びを入れる。 ・はっきりとした口調で話しましょう。 ・先方が名乗らなかった場合は相手をちゃんと確認しましょう。 ・聞き取れなかったことは再度確認しましょう。 ・担当者が不在の場合はメモを残しましょう（誰が、何を、いつまでに、どうして欲しいのか、がわかるように）。 ・自分で解決できない場合は、いったん保留にして周りにいるスタッフに確認しましょう。 ・相手の声が聞き取れないときは、聞き取れない旨を伝えましょう。 ・クレーム電話の場合は、「ご不便をおかけしており申し訳ございません」など親身的な対応を心がけましょう。

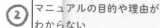
② マニュアルの目的や理由がわからない

① シーン別に分かれておらず、使いにくい

③ 文字の流し込みだけでシチュエーションが想像できない

編集ポイント！

「マニュアル＝守るもの」で終わらせないように

① マニュアルは「こういうとき」は「こうする」という見方ができないと実際の場面では使いづらいため、シーン別に解説するようにしましょう。

＼ これこそ編集力！ ／

② 考え方が書かれていないと「とりあえずこれを守っておけば良いか」となってしまいます。なぜそうするのか？ その目的を書いてあげましょう。

③ 文字だけでは読み流してしまいます。実際にイメージして考えることで、イレギュラーなケースにも対応できるようになるでしょう。

これこそ編集力！

なぜそうするのか？ が理解できる

ビジネスマナーの基本マニュアル

03. 電話応対マニュアル

電話に出た社員の対応によって会社の印象が変わるため、とても大切な仕事です。
実際の会話よりも意識的に「明るく丁寧」に話すことと、「笑顔」で対応することを心がけましょう。

① 電話応対に絞って
シーン別に説明

電話応対する際のキホン

● 言葉は丁寧にはっきりと話しましょう。

電話での印象が会社全体の印象につながりますので、明るい声のトーンで電話を受けるように心がけましょう。ただし、クレームなどの電話の場合は、内容に応じて声のトーンを落とすなど状況に応じた使い分けをしましょう。

● 3コールまでに電話を取りましょう。

電話が鳴ったらすぐに出る、相手を待たせないが基本です。3コールの時間は約10秒です。3コール以上で出た場合は、必ず「大変お待たせいたしました」を冒頭で忘れずに言いましょう。

● 復唱とメモは必須

電話を受ける際にメモ・筆記用具は欠かせないため、電話のすぐそばに置いておくなど、いつでも取れるようにしておきましょう。

② なぜそれが必要なのか？
その理由と目的が
理解できる

電話を受けた時にありがちなシーン別の応対方法

● 担当者が不在の場合

最も多いのが、担当者が不在の時に電話がかかってくることです。
不在の理由は外出、出張、病欠、休暇などさまざまですが、いずれも担当者が不在である旨と、戻る日時を伝えて、折り返しなど今後の対応を伺い立てることが基本となります。

● 離席中である場合

『ただ今、席を外しております』と告げたうえで、曖昧な言い方は避け、「5分程度で戻ります」というように、できるだけ具体的に答えましょう。相手がとても急いでいるようなら「わたくし○○がご用件を承りましょうか」という応対で伝言メモを書きます。

● 余計な情報を漏らさない

電話を受けた時に、先方から携帯電話の番号を聞かれるケースや、行き先を尋ねられるケースもありますが、社内の情報を漏らすことは厳禁です。携帯電話の番号を聞かれた場合は、「本人から確認を取って、必要な場合は折り返し連絡します」などと伝え、不要な情報を漏らさない配慮が必要です。

● 相手の声が聞き取れない時

先方の声が小さすぎて受話器の音量を上げても聞き取りづらいことも多々あります。この場合は、「申し訳ございません。お電話が遠いようでもう一度お願いいたします」と聞き返します。先方の声の小ささを指摘すると失礼ですので、声が小さいのは電話や電波が悪いせいにすることがポイント。

③ シチュエーション別に
書かれており
イメージしやすい

good !

もっと編集力！

文章やデザインにリソースを注ぎ込む前に、マニュアル全体の企画構成プロセスをしっかり固めること！

マニュアルを作る前に、ツールは何で作るか？ どう運用するか？ 誰がどのタイミングで整備するか？ などをしっかり決めておかないと、マニュアル作成にリソースが割かれすぎてしまうことも…。事前にしっかり全体の構成を共有しましょう。

定型文書
社内広報
社内プレゼン資料
社外広報
販売促進
社外プレゼン資料

会議の議事録

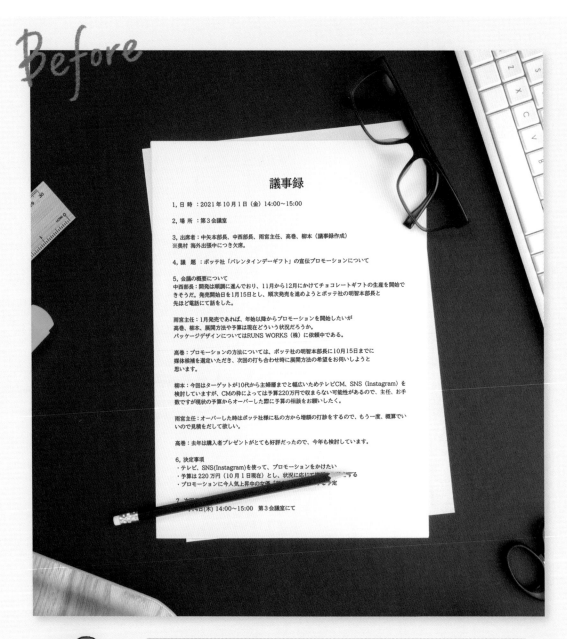

Before

議事録

1, 日 時 ：2021年10月1日 (金) 14:00～15:00

2, 場 所 ：第3会議室

3, 出席者：中矢本部長、中西部長、雨宮主任、高巻、柳本（議事録作成）
※奥村 海外出張中につき欠席。

4, 議 題 ：ポッテ社「バレンタインデーギフト」の宣伝プロモーションについて

5, 会議の概要について
中西部長：開発は順調に進んでおり、11月から12月にかけてチョコレートギフトの生産を開始で
きそうだ。発売開始日を1月15日とし、順次発売を進めようとポッテ社の明智本部長と
先ほど電話にて話をした。

雨宮主任：1月発売であれば、年始以降からプロモーションを開始したいが
高巻、柳本、展開方法や予算は現在どういう状況だろうか。
パッケージデザインについてはRUNS WORKS (株) に依頼中である。

高巻：プロモーションの方法については、ポッテ社の明智本部長に10月15日までに
媒体候補を選定いただき、次回の打ち合わせ時に展開方法の希望をお伺いしようと
思います。

柳本：今回はターゲットが10代から主婦層までと幅広いためテレビCM、SNS (Instagram) を
検討していますが、CMの枠によっては予算220万円で収まらない可能性があるので、主任、お手
数ですが現状の予算からオーバーした際に予算の相談をお願いしたく。

雨宮主任：オーバーした時はポッテ社様に私の方から増額の打診をするので、もう一度、概算でい
いので見積をだして欲しい。

高巻：去年は購入者プレゼントがとても好評だったので、今年も検討しています。

6, 決定事項
・テレビ、SNS(Instagram)を使って、プロモーションをかけたい
・予算は220万円（10月1日現在）とし、状況に応じて増額の相談をする
・プロモーションに今人気上昇中の女優〇〇〇を起用予定

7,
　　　　　日(木) 14:00～15:00　第3会議室にて

そういえば議事録ってどうやって書くのか
教えてもらってなかったです…

定型文書

社内広報

社内プレゼン資料

社外広報

販売促進

社外プレゼン資料

POINT!!

その会議で何が議論され、何が決まりどう動くのか、
欠席者にも効率よく伝達できる書き方になっているかがポイント。

After

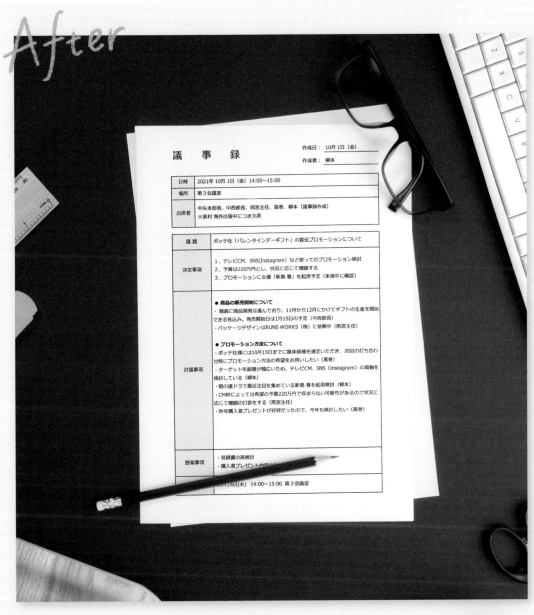

議　事　録

作成日： 10月1日（金）
作成者： 栁本

日時	2021年 10月1日（金） 14:00〜15:00
場所	第3会議室
出席者	中矢本部長、中西部長、雨宮主任、高巻、栁本（議事録作成） ※奥村 海外出張中につき欠席

議 題	ポッテ社「バレンタインデーギフト」の宣伝プロモーションについて
決定事項	1、テレビCM、SNS(Instagram)など使ってのプロモーション検討 2、予算は220万円とし、状況に応じて増額する 3、プロモーションに女優「新島 春」を起用予定（来週中に確認）
討議事項	● 商品の販売開始について ・順調に商品開発は進んでおり、11月から12月にかけてギフトの生産を開始できる見込み。発売開始日は1月15日の予定（中西部長） ・パッケージデザインはRUNS WORKS（株）に依頼中（雨宮主任） ● プロモーション方法について ・ポッテ社様には10月15日までに媒体候補を選定いただき、次回の打ち合わせ時にプロモーション方法の希望をお伺いしたい（高巻） ・ターゲット年齢層が幅広いため、テレビCM、SNS（Instagram）の両軸を検討している（栁本） ・朝の連ドラで最近注目を集めている新島 春を起用検討（栁本） ・CM枠によっては希望の予算220万円で収まらない可能性があるので状況に応じて増額の打診をする（雨宮主任） ・昨年購入者プレゼントが好評だったので、今年も検討したい（高巻）
懸案事項	・見積書の再検討 ・購入者プレゼント内容の
	10月14日（木） 14:00〜15:00 第3会議室

今のままだとテープ起こしだな…
フォーマットを作ったから使ってみろ。簡潔に書くんだぞ

Before

会話記録になっている

議事録

1, 日 時 ：2021年10月1日（金）14:00～15:00

2, 場 所 ：第3会議室

3, 出席者：中矢本部長、中西部長、雨宮主任、高巻、柳本（議事録作成）
※奥村 海外出張中につき欠席。

4, 議 題 ：ポッテ社「バレンタインデーギフト」の宣伝プロモーションについて

5, 会議の概要について
中西部長：開発は順調に進んでおり、11月から12月にかけてチョコレートギフトの生産を開始できそうだ。発売開始日を1月15日とし、順次発売を進めようとポッテ社の明智本部長と先ほど電話にて話をした。

雨宮主任：1月発売であれば、年始以降からプロモーションを開始したいが高巻、柳本、展開方法や予算は現在どういう状況だろうか。
パッケージデザインについてはRUNS WORKS（株）に依頼中である。

高巻：プロモーションの方法については、ポッテ社の明智本部長に10月15日までに媒体候補を選定いただき、次回の打ち合わせ時に展開方法の希望をお伺いしようと思います。

柳本：今回はターゲットが10代から主婦層までと幅広いためテレビCM、SNS（Instagram）を検討していますが、CMの枠によっては予算220万円で収まらない可能性があるので、主任、お手数ですが現状の予算からオーバーした際に予算の相談をお願いしたく。

雨宮主任：オーバーした時はポッテ社様に私の方から増額の打診をするので、もう一度、概算でいいので見積をだして欲しい。

高巻：去年は購入者プレゼントがとても好評だったので、今年も検討しています。

6, 決定事項
・テレビ、SNS(Instagram)を使って、プロモーションをかけたい
・予算は220万円（10月1日現在）とし、状況に応じて増額の打診をする
・プロモーションに今人気上昇中の女優「新島 春」を起用する予定

7, 次回予定
10月14日(木) 14:00～15:00　第3会議室にて

---

① 状況を把握したいのに読む気が起こらない

② 会話をそのまま記録しているだけ

③ 決定事項に対して次のアクションがわからない

編集ポイント！

議事録は速く！ 正確に！ 5W1Hで簡潔に！

① 議事録はわかりやすさとスピードが命。フリーフォームだと記入に頭を使い無駄に時間がかかりがちなのでフォーマットにすると◎

② 欠席者でも内容がすぐに掴めるよう、参加者は容易に振り返られるよう、発言をそのまま載せるのではなく要点を押さえて記入しましょう。

＼こだわり編集力！／

③ 「いつ」「どこで」「誰が」「何を」「なぜ」「どのように」という5W1Hを意識して書くと、簡潔でポイントを押さえた議事録になります。

After

共有を目的とした内容になっている

good!

定型文書

社内広報

社内プレゼン資料

社外広報

販売促進

社外プレゼン資料

議　事　録

作成日： 10月1日（金）
作成者： 栁本

日時	2021年 10月1日（金）14:00〜15:00
場所	第3会議室
出席者	中矢本部長、中西部長、雨宮主任、高巻、栁本（議事録作成） ※奥村 海外出張中につき欠席

議題	ポッテ社「バレンタインデーギフト」の宣伝プロモーションについて
決定事項	1、テレビCM、SNS(Instagram) など使ってのプロモーション検討 2、予算は220万円とし、状況に応じて増額する 3、プロモーションに女優「新島 春」を起用予定（来週中に確認）
討議事項	● **商品の販売開始について** ・順調に商品開発は進んでおり、11月から12月にかけてギフトの生産を開始できる見込み。発売開始日は1月15日の予定（中西部長） ・パッケージデザインはRUNS WORKS（株）に依頼中（雨宮主任） ● **プロモーション方法について** ・ポッテ社様には10月15日までに媒体候補を選定いただき、次回の打ち合わせ時にプロモーション方法の希望をお伺いしたい（高巻） ・ターゲット年齢層が幅広いため、テレビCM、SNS（Instagram）の両軸で検討している（栁本） ・朝の連ドラで最近注目を集めている新島 春を起用検討（栁本） ・CM枠によっては希望の予算220万円で収まらない可能性があるので状況に応じて増額の打診をする（雨宮主任） ・昨年購入者プレゼントが好評だったので、今年も検討したい（高巻）
懸案事項	・見積書の再検討 ・購入者プレゼント内容の決定
次回予定	10月14日(木) 14:00〜15:00 第3会議室

① フォーマット化されているので書きやすい

② 討議事項は要点のみ

③ 何が決まって何をすべきかが一目でわかる

こだわり編集力!

もっと編集力！

**議事録はできればその日のうちに。
少しでも効率的に書けるようにポイントを押さえよう**

例えば、ブレスト会議ならホワイトボードの写真だけでも共有は可能ですし、出席者や議題などの情報は事前に書き込んでおくことで時間短縮になります。また、発言が事実なのか仮説なのか意見なのか…そのあたりを意識すると聞き分ける精度も上がるでしょう。

フォントと文字組み

「フォント」はよく聞く言葉かもしれませんが、「文字組み」は初めて聞く人も多いかもしれません。縦書きにするのか？ 横書きにするのか？ 行間や文字間はどれくらいあけるのか？ そういった視覚的に文字を読みやすくする際に用いられる専門用語です。

💡 フォントと文字組みから学ぶ編集力！

文字組みって、文章を美しく見せるためのものですよね？
正直、ビジネス資料には関係ないと思うんですけど…

どんなに頑張って資料を作っても、長い！ 読みづらい！
結局何が言いたいの！ となって、最後まで読んでもらえなかったら？

そりゃ困りますよ！！！
それって文章力の問題じゃないんですか？

それもある。だが、目的に応じたフォント選び、文字組みを覚えたら、
君の提案も今まで以上に通るかもしれんぞ！

どういう資料を作るかによって最適なフォントや文字の大きさ、組み方は異なります。引き出しを増やし、いざというときにこれらのポイントを組み合わせる編集力を身につけましょう。

編集ポイント！

- 時間をかけず ・・・・・・・・・ フォーマット化する、手書きをやめる
- 読み手の負担も少なく ・・・・・ フォント選び、サイズ、行数、文字間
- 理解しやすく ・・・・・・・・・・・・・ 段組み、余白
- 要点が伝わる ・・・・・・・・・・・・・・・ 強弱 など

① フォント

みなさんは、フォント選びにどれだけ気を使っていますか？ フォントは好みでは、と思う人もいるかもしれません。読みやすさだけでなく印象も大きく変えてしまうフォントは、選び方ひとつでビジネスの成果を変えてしまうことも。実際に以下を比較してみましょう。

Before

正確に伝えよう

ビジネス資料で大切なことは正確に情報を伝えることです。読みづらく相手にマイナスの印象を与えてしまったり、数字を読み間違えられたり、重要な情報を読み飛ばされてしまったりしたら大変です。だからこそ、フォント選びは大切なのです。

主張が強い

タイトルを明朝体に、本文を極端に太めのゴシック体にしてみた。本文は全体的に黒々として主張が強く、読むのがしんどい。さらに、タイトルよりも本文の方が存在が勝っている。

After

① **正確に伝えよう**

② ビジネス資料で大切なことは正確に情報を伝えることです。読みづらく相手にマイナスの印象を与えてしまったり、数字を読み間違えられたり、重要な情報を読み飛ばされてしまったりしたら大変です。だからこそ、フォント選びは大切なのです。

順番に
情報が入ってくる

タイトルをゴシック体に、本文を明朝体にしてみた。タイトルから順番に情報が入ってくるため、ストレスもない。（ただしスライドは視認性の高さが重要なので、本文もゴシック体が基本）

Before

淡々とした印象で、想いのこもっていない言葉に感じてしまう。

After

誇りとプライドが感じられ、信頼度が増す。

Before

¥36,850 （税込）
商品No：17INB8

3/5/6/8や、数字の1/7とアルファベットのI（アイ）、8/Bなどは形がよく似ているので、文字が小さくなると読み誤ってしまう可能性が非常に高くなる。

After

¥36,850 （税込）
商品No：17INB8

文字が小さくなっても誤認がないよう、あらかじめ数字がメインとなる資料は先にフォントを選んでおこう。名刺でも、英語のOと数字の0はよく読み誤りが起こるところ。

② 行間

　行間なんて変えたことがない、という人も多いでしょう。PowerPointなどでは（フォントにもよりますが）初期設定のままでは行間が狭すぎることが多く、長い文章では読み手に負担を与え、途中で読んでいる行がわからなくなってしまうこともあります。

Before

> 　「文字組み」は初めて聞く人もいるかもしれません。縦書きにするのか？ 横書きにするのか？ 行間や文字間はどれくらいあけるのか？ そういった視覚的に文字を読みやすくする際に用いられる専門用語です。
>
> ── 隙間がない

初期設定では狭すぎることが多い。

After　　　　　　　　　　　　　　　文字サイズの1.5倍 ──

> 　「文字組み」は初めて聞く人もいるかもしれません。縦書きにするのか？ 横書きにするのか？ 行間や文字間はどれくらいあけるのか？ そういった視覚的に文字を読みやすくする際に用いられる専門用語です。

文字サイズに対して150〜175%ぐらいがベスト。

③ 文字間

　「行間」以上に聞きなれない人も多い「文字間」。字のとおり、文字と文字の間の空き具合のことです。文書系の資料では特に気にする必要はありませんが、スライドやタイトルではここを調整するだけで読みやすさが変わります。地味なところですが、大事なポイントですよ！

Before

> **わかりやすい
> プレゼンテーションタイトル**
> ①
> **10/1（金）営業部 吉田**
> ②

① ひらがなや漢字よりもカタカナは文字の間が広いことが多く、広すぎると意味が頭に入ってきにくくなる。
② 全角の（）や「」や＂＂などは前後のスペースが広く、伝わりにくくなったり、悪目立ちしてしまうことがある。

After

> **わかりやすい
> プレゼンテーションタイトル**
>
> **10/1（金）営業部 吉田**

① 同じフォントでも、カタカナは間隔を調整するだけで読みやすさが上がった。
② （）を半角にすることで、「10/1（金）」がひとつのまとまりとして見えるようになった。

 **④ 強調**

　PowerPointやWordでは、影や反射、輪郭など、文字にさまざまな装飾を施すことができます。強調させたいとき、このような効果をつい使ってしまいますが、だいたいの場合が読みにくくなり、読み手に負担をかけてしまうので気をつけましょう。

Before

クールビズのお知らせ

クールビズのお知らせ

クールビズのお知らせ

縁や影をつけると元の文字がつぶれてしまったり、色の干渉で読みにくくなったりするため、余計な装飾は控えよう。

After

クールビズのお知らせ

クールビズのお知らせ

クールビズのお知らせ

太文字にする、もしくは下線を引く。たったそれだけで十分文字を強調することができる。

Before

可読性とは
　読みやすさ。正確に速く読めるか、読み続けても疲労を感じないか。
視認性とは
　認識しやすさ。瞬時に正しく確認・理解ができるかどうか。
判読性とは
　誤読・誤解がないか。文字の種類や意味を間違えずに読み取れるか。

下線や斜体、また項目だけ頭をずらすなどといった強調もやりがちだが、この場合は視線を左右に振られ読みにくくなる。読み手がどう感じるかを考えることが大切。

After

可読性とは
読みやすさ。正確に速く読めるか、読み続けても疲労を感じないか。

視認性とは
認識しやすさ。瞬時に正しく確認・理解ができるかどうか。

判読性とは
誤読・誤解がないか。文字の種類や意味を間違えずに読み取れるか。

文字の太さや色、サイズに差をつけるとメリハリが出て読みやすくなる。何かを目立たせたいときは「強調」ではなく「強弱」をつけることを意識してみよう。

こうやって比べてみると「たかが文字、されど文字」って感じですね！

最後まで気持ちよく読んでもらえる資料を作れるようになれよ

社内資料

定型文書

社内広報

1. 社内報のトップインタビューページ
2. 社内報の新入社員紹介ページ
3. 社内勉強会実施のお知らせ
4. 社内イベントの告知ポスター
5. 社内啓発ポスター
6. 社内メールマガジン

社内プレゼン資料

社内広報の目的とは

　社内広報とは、企業が自社の社員に対して情報共有し、行動を促すコミュニケーション全般を指します。企業を持続的に発展させていくためには、社員の一体感やモチベーション向上、組織の活性化、さらには社員を支える家族への理解も必要となり、それは企業規模が大きくなればなるほど難しくなります。一方的な情報発信になると、忙しい社員はその必要性を感じず、結局読まれず終わってしまいます。そうならないためにも、発信の目的を明確にし、社員にどうやったら届く内容になるかを戦略的に考えることが必要です。

つまり、社内広報も間接的に
会社の利益を生み出してるってことですか？

おお！そういうことだ！
それがみんなにも伝わるような内容にしていこう

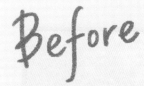
Before

~トップインタビュー~

代表取締役社長
安倍博史

アジアでの市場拡大と、

持続的な成長を目指して。

時代の変化を捉え、
新たな価値を創造する

キュアックスは、1951年の創業以来、「人々の生活向上」を常々企業の使命スローガンに、時代のニーズの先取り、お客様の要求を捉え、サービスを強化してきました。常に過去から学び、新たにチャレンジし、達成することを創業時から大切にしています。

2020年3月の連結業績は、売り上げ、収益ともに創業以来過去最高を記録し、売上高は連結5,510億4,855億円（対前期前期比115.4%増）の1・3兆円超となり、当期利益は年連結の前期の所有者に帰属する当期利益は過去最高の8,560億の1・201億円の増収増益となり、一気に過去から学び、新たに最高を記録しました。市場環境は好調に推移している状況ではありますが、新製品の伸びなどにより、ライフケア事業が特に好調に伸びを見せています。

2019年4月よりスタートした「中期経営計画2021」では、「新たな価値の創造と挑戦」をテーマとしました。

既存事業をさらに大きくすることはもとより、国内はもちろん、粘り強く大きい業界いくことが大切で、キュアックスグループの将来、アジア全体が大切な市場と考えております。市場体の成長を大きなと考え、当社は台湾、香港、シンガポールにグループ会社があり、商品を販売していますが、すでに中国市場でも現地代理店と連携し販売を展開しています。また、今後の課題はアジア最大のマーケットである中国市場へいかにブランドを浸透させ、販売を拡大できるかだと思いますキュアックスの品質は非常に優れたものですが、まだシェア拡大の余地は大きいと捉えて、安全性と高品質を中心に、今後さらにライフケア事業の製品を中心に、今年はさらにアジアでの市場拡大を目指します。

目標と向上心を持ち
粘り強く

2021年は非常に新しい一年になると感じています。これまでやってきた取り組み

創業70年、今後も
成長を続けます

今年は創業70周年を迎える年でもあります社はより機能的な会社に生まれ変わりますが、今後も未来を見据えながら、社員一人ひとりが生み出した価値が社会のお役に立てるよう、社員一同全力で取り組んでまいりますます。

をこれまで以上に邁進し、大きなことも、粘り強く愚直に積み重ねていくことが大事なと思い、来期に向けて取り組んでいきたいと考えております。そのためにも、社員一人ひとりがだ渡「自ら成長する」「向上心を持ち続ける」という意識を持ち、一年一年やっていくことが大事だと思います。そして、「自分を成長させることによって社員、向上、そこから成長を、そしていて「目的意識をしっかり持つことが大事だ」と言えるように繋がり、それが会社の力になります。

定型文書

社内広報

社内プレゼン資料

社外広報

販売促進

社外プレゼン資料

POINT!!

経営者のビジョンを、社員だけでなく、社員を支える家族にまで届けることで、
家族の理解も深まり、まわりまわって社員の幸福につなげるのが目的。

After

肝心の経営者の強い想いや雰囲気が
伝わってこないと意味がないぞ！

会社のビジョンが見えず不安を与える

① 写真が小さい

~トップインタビュー~

代表取締役社長
安倍博史

アジアでの市場拡大と、

持続的な成長を目指して。

時代の変化を捉え、
新たな価値を創造する

キュアックスは、1951年の創業以来、「人々の生活向上と幸せの創造」をスローガンに、時代のニーズの変化をとらえ、お客様、そして時代に商品・サービスを提供してきました。常に過去から学びながら新たなチャレンジを達成することを創業時から大切にしてきました。

2020年3月の連結業績は、売り上げ収益が前期比二.五%増の4,863億円、税引前当期利益が同二.四%増の3,29億円、親会社の所有者に帰属する当期利益が同二.八%増の1,201億円の増収増益となり、売上収益、利益ともに過去最高記録となりました。

既存事業をさらに大きくすることはもとより、国内はもちろん、市場が大きい世界でさらにキュアックスグループの存在感を高めていきたいと考えております。市場が大きく拡大する成長をとらえ、アジア諸国の経済成長をとらえ豊かな市場台頭など、市場に期待値が高まり、台頭など、商品を売りだしています。また、シンガポールにグループ会社があり、豊富な現地情報と連携販売でにより中国市場や現地で理論と連携販売を開始しています。

今後の課題は、アジア最大のマーケットである中国でのブランド価値を築き、販売を拡大できるかどうかだと思っています。キュアックスの技術や品質は非常に優れたものであり、まだまだシェア拡大の余地は大きいと捉えています。安全性は高い品質を担保しつつ、さらにライフケア事業の市場拡大を目指します。今年はさらにアジアでの市場拡大を目指します。

目標と向上心を持ち
粘り強く

2021年は非常に新しい年になると感じています。これまでやってきた取り組み

をこれまで以上に加速し、大変なこともより多く、大変なことも、粘り強く目標達成に向けて取り組んでいきたいと思います。

そのためにも、社員一人ひとりがただ漫然と仕事をするのではなく、「何のために、誰に向けてこの仕事を成長しているのか」を意識しながら仕事をしていただいた。つまり、自分の置き場をしっかり持つことが自身の能力向上にもつながり、それが会社の力になります。

創業70年、今後も
成長を続けます

すでに創業70周年を迎えるわけでもあります。さらに飛躍の年とするため、当社はより積極的な展開し、また社員一人ひとりが今を大切に行動し成長を続けていきます。社員一人ひとりが社会の皆様のお役に立てるよう、社員一同全力で取り組んでまいります。

② 縦組みだと堅い印象で
数字も読みにくい…

③ 背景や文字のあしらいが古くさい

「何を見せたいのか？」をはっきりさせる

＼とりわけ編集力！／

① 写真が小さいと、経営者の人柄や雰囲気が伝わってきません。大きく写真を配置することで、経営者の強い想いが伝わる紙面になります。

② PowerPointで縦組みにすると、数字や小数点が不格好に見えてしまいます。横組みだとカジュアルでとっつきやすい印象を与えます。

③ 古くさいあしらいや背景だと、会社の「変化」や「成長」を感じられません。大胆ですっきりとしたレイアウトで、勢いを感じさせる紙面に。

After
トップの強い想い、人柄が伝わってくる

とりわけ
編集力!

① 写真が大きく
雰囲気が伝わる

時代の変化を捉え、新たな価値を創造する

キュアックスは、1951年の創業以来、「人の生活内と幸せの創造」をスローガンに、時代のニーズの変化を捉え、お客様、そして社会に商品・サービスを提供してきました。常に過去から学び、新たにチャレンジし進化することを創業時から大切にしてきました。

2020年3月の連結業績は、売り上げ収益が前期比5.5%増の4,863億円、税引前当期純利益が同15.4%増の1,329億円、親会社の所有者に帰属する当期利益が同19.8%増の1,201億円の増収増益となり、売上高、利益ともに過去最高を記録しました。

当社を取り巻く市場環境は好調とは言えない状況ではありましたが、新製品の伸びなどにより、ライフケア事業が特に好調な伸びを見せました。

2019年4月にスタートした「中期経営計画2021」では、「新たな価値の創造と挑戦」をテーマとしました。

既存事業をさらに大きくすることはもちろん、国内はもちろん、市場が大きい世界でさらにキュアックスグループを伸ばしていくことが大切であると考えております。アジア諸国の経済成長などを背景に、市場全体の伸びにも期待ができます。固в台湾、香港、シンガポールにグループ会社があり、商品を販売しています。また、すでに中国市場でも現地代理店と連携し販売を開始しています。

今後の課題は、アジア最大のマーケットである中国でいかにブランド価値を高め、販売を拡大できるかだと思っています。キュアックスの技術力や品質は非常に優れたものであり、まだまだシェア拡大の余地は大きいと捉えています。安全性と高い品質を担保した上で、ライフケア事業の製品を中心に、今はさらにアジアでの市場拡大を目指します。

目標と向上心を持ち粘り強く

2021年は非常に新しい年になると感じています。これまでやってきた取り組みをこれまで以上に徹底し、大変なことも多々あるかと思いますが、粘り強く目標達成に向けて取り組んでいただきたいと思います。

そのためにも、社員一人ひとりがただ漠然と仕事をするのではなく、向上心を持ち、一年後、「一年前と比べてここが成長した」と言えるような年度にしていただきたいです。目的意識をしっかり持つことで自身の方向上にも繋がり、それが会社の力になります。

創業70年、今後も成長を続けます

今年は創業70周年を迎える年でもあります。さらに持続的な成長を続けるため、当社はより躍動的な会社に生まれ変わります。今後も未来を見据え、また社員一人ひとりが生み出した価値が社会の皆様の利役に立てるよう、社員一同全力で取り組んでまいります。

TOP INTERVIEW

アジアでの市場拡大と持続的な成長を目指して

代表取締役社長
安倍 博史

② 横組みで読みやすい

③ 大胆で勢いのある
レイアウト

もっと編集力!

品質を守る

メッセージの内容によって見出しの見せ方を変えるとより深く伝わる内容になるぞ

改革と挑戦

「伝統を守る」「品質を追い求める」というような内容であれば、見出しに明朝体を使うと誠実さがより伝わるでしょう。一方で思い切った「改革」や「新規市場への参入」という内容であれば、ゴシック体の大胆な見出しがよりインパクトを与えるかもしれません。

定型文書

社内広報

社内プレゼン資料

社外広報

販売促進

社外プレゼン資料

社内報の新入社員紹介ページ

Before

新入社員の紹介ページなので
桜を散りばめてにぎやかにしました！

定型文書

社内広報

社内プレゼン資料

社外広報

販売促進

社外プレゼン資料

POINT!!

社内報は社内の一体感を高めたり、組織の活性化が目的。
その思いが紙面から伝わるような生き生きとしたレイアウトを考えてみよう。

After

2021年度 新入社員紹介

4月に入社した8名です。
個性豊かな新入社員に
ぜひご期待ください！

営業部

佐藤 建治

この度入社いたしました佐藤建治です。何事にも前向きに取り組み、見て、聞いて、たくさん勉強して、皆さまのように当社のお力になれるよう努力いたしますので、どうぞよろしくお願いいたします。

営業部

井上 真緒

この春入社いたしました井上真緒と申します。当社の社員の一員として一日でも早く戦力になれるよう精進して参ります。多々ご迷惑をおかけすることもあるかと思いますが、よろしくお願いいたします。

経営企画部

田中 啓

この春より経営企画部に配属されました、田中啓です。社会人になったという自覚をしっかり持ち、日々精進していく所存です。未熟者ですが、ご指導ご鞭撻のほどよろしくお願いいたします。

経営企画部

多部 里佳子

この度入社いたしました多部里佳子です。わからないことばかりでご迷惑おかけすることもあるかと思いますが、何事にも前向きに取り組みますので、ご指導ご鞭撻のほど、よろしくお願いいたします。

広報部

水河 明美

この春入社いたしました水河明美と申します。当社でたくさんのことを学び、人としても成長し、早く当社のお力になれるよう精一杯努力いたします。これからどうぞよろしくお願いいたします。

経理部

中村 智也

この度入社いたしました中村智也です。当社の名に恥じぬよう、同期の皆さまや諸先輩方と力を合わせて、より魅力的な会社を作っていけるよう、日々努力して参ります。よろしくお願いいたします。

カスタマーサポート部

上野 百合

この春より入社いたしました、上野百合と申します。学生時代の運動部マネージャーの経験から、人の力になれるお仕事がしたいと考えておりました。ご指導のほど、何卒よろしくお願いいたします。

生産管理部

岡田 正樹

この春より生産管理部に配属が決まりました、岡田正樹と申します。先輩方や上司の皆さま、そして会社のお役に立てるよう、一生懸命頑張りますので、これからどうぞよろしくお願いいたします。

新入社員紹介も社内コミュニケーションの一環。
フレッシュさを感じられる紙面にしよう！

Before

人以外の部分に目がいってしまう

① イラストでごちゃごちゃして見える

2021年度 新入社員紹介

4月に入社した8名です。個性豊かな新入社員にぜひご期待ください！

経理部
中村智也
この度入社いたしました中村智也です。当社の名に恥じぬよう、同期の皆さまや諸先輩方と力を合わせ、より魅力的な会社を作っていけるよう、日々努力して参ります。よろしくお願いいたします。

カスタマーサポート部
上野百合
この春より入社いたしました、上野百合と申します。学生時代の運動部マネージャーの経験から、人の力になれるお仕事がしたいと考えておりました。ご指導のほど、何卒よろしくお願いいたします。

広報部
水河明美
この春入社いたしました水河明美と申します。当社でたくさんのことを学び、人としても成長し、早く当社のお力になれるよう精一杯努力いたします。これからどうぞよろしくお願いいたします。

営業部
佐藤建治
この度入社いたしました佐藤建治です。何事にも前向きに取り組み、見て、聞いて、たくさん勉強して、皆さまのように当社のお力になれるよう精進して参りますので、どうぞよろしくお願いいたします。

経営企画部
田中啓
この春より経営企画部に配属されました、田中啓です。社会人になったという自覚をしっかり持ち、日々精進していく所存です。未熟者ですが、ご指導ご鞭撻のほどよろしくお願いいたします。

営業部
井上真緒
この春入社いたしました井上真緒と申します。当社の社員の一員として一日でも早く戦力になれるよう精進して参ります。多々ご迷惑をおかけすることもあるかと思いますが、よろしくお願いいたします。

経営企画部
多部里佳子
この度入社いたしました多部里佳子です。わからないことばかりでご迷惑おかけすることもあるかと思いますが、何事にも前向きに取り組みますので、ご指導ご鞭撻のほど、よろしくお願いいたします。

生産管理部
岡田正樹
この春より生産管理部に配属が決まりました、岡田正樹と申します。先輩方や上司の皆さま、そして会社のお役に立てるよう、一生懸命頑張りますので、これからどうぞよろしくお願いいたします。

② 写真が小さく画一的

③ レイアウトが堅苦しい

編集ポイント！

装飾に頼らず、新入社員の写真を活かしたレイアウトに

① イラストが写真よりも目立ってしまうとごちゃごちゃした印象に。不必要なイラストはなくし、新入社員にぴったりな爽やかな色を使いましょう。

② 証明写真のような写真を小さいサイズで並べると、みんな同じように見えてしまいます。個性が伝わるような写真を使うより良くなるでしょう。

＼ こだわり編集力！ ／

③ 堅苦しいレイアウトだと、見る側に重い印象を与えます。シンプルなあしらいで、新入社員の情報に視線が集まるようにしましょう。

人にフォーカスが当たるレイアウト

① 不必要なイラストは
なくしてすっきりと

FRESH ERS

2021年度 新入社員紹介

4月に入社した8名です。
個性豊かな新入社員に
ぜひご期待ください！

営業部

佐藤 建治

この春入社いたしました佐藤建治です。何事にも前向きに取り組み、見て、聞いて、たくさん勉強して、皆さまのように当社のお力になれるよう努力いたしますので、どうぞよろしくお願いいたします。

営業部
井上 真緒

この春入社いたしました井上真緒と申します。当社の社員の一員として一日でも早く戦力になれるよう精進して参ります。多々ご迷惑をおかけすることもあるかと思いますが、よろしくお願いいたします。

経営企画部
田中 啓

この春より経営企画部に配属されました、田中啓です。社会人になったという自覚をしっかり持ち、日々精進していく所存です。未熟ですが、ご指導ご鞭撻のほどよろしくお願いいたします。

経営企画部
多部 里佳子

この度入社いたしました多部里佳子です。わからないことばかりでご迷惑おかけすることもあるかと思いますが、何事にも前向きに取り組みますので、ご指導ご鞭撻のほど、よろしくお願いいたします。

広報部

水河 明美

この春入社いたしました水河明美と申します。当社でたくさんのことを学び、人としても成長し、早く当社のお力になれるよう精一杯努力いたします。これからどうぞよろしくお願いいたします。

経理部
中村 智也

この度入社いたしました中村智也です。当社の名に恥じぬよう、同期の皆さまや諸先輩方と力を合わせ、より魅力的な会社を作っていけるよう、日々努力して参ります。よろしくお願いいたします。

カスタマーサポート部

上野 百合

この春より入社いたしました、上野百合と申します。学生時代の運動部マネージャーの経験から、人の力になれるお仕事がしたいと考えておりました。ご指導のほど、何卒よろしくお願いいたします。

生産管理部

岡田 正樹

この春より生産管理部に配属が決まりました、岡田正樹と申します。先輩方や上司の皆さま、そして会社のお役に立てるよう、一生懸命頑張りますので、これからどうぞよろしくお願いいたします。

② 写真は大きく、その人の雰囲気が
伝わるようなものを使う

③ 無駄な枠や影は削除し、
シンプルなレイアウトに

こだわり
編集力！

もっと編集力！

写真の見せ方をひと工夫するだけで
躍動感が生まれ、紙面にメリハリがつくぞ

画一的な写真では一人ひとりの魅力や雰囲気が伝わりません。シーンが固定されていない写真を使用したり、人物の写真を切り抜いたりすると、躍動感が生まれて楽しい印象の紙面になります。画像の切り抜きはPowerPointの機能を使うと簡単にできますよ。

定型文書
社内広報
社内プレゼン資料
社外広報
販売促進
社外プレゼン資料

Before

社内勉強会のお知らせ

2021年6月12日（土）14:00-16:00

テーマ これであなたも接客のプロに今日からなる！
クレーム対応力レベルアップセミナー

マネジメントコンサルタント
クレーム対応研究会　岡部　洋子

日々様々なお客様と直接顔を合わせてやりとりをする接客業において、クレームは必ず向き合わなければいけない問題です。「クレームへの苦手意識が強くて日々の仕事が憂鬱」「なんとかこなしているけれど、今よりもっと上手に対応できるようになりたい！」「お客様に納得いただける対応をして、クレームを逆手にリピーターになってもらいたい」「そもそもクレームの発生を事前にある程度減らせないかな？」などクレームに対する様々な悩みを解消し、クレームの削減、受けた場合の正しい対処方法を学び、仕事へのモチベーションアップにつなげましょう。

セミナー内容
まずはなぜクレームが起こるのか、よくある発生原因をパターンに分けて解説。
それぞれのクレーム対応への対処法を学んだ後、ロールプレイングを通した実践形式で明日から現場で即使えるスキルを身につけていきます。
①パターンごとに参加者同士が「応対者役」「お客様役」となりクレーム対応のロールプレイングを行います。
②応対の中で発生した問題点などをそれぞれの立場から意見交換、考察します。
③出た意見を元にブラッシュアップした解決方法で再度実践し、役を交代してさらに再度行い、しっかりとクレーム対応に対する恐怖感や疑問を解消していきます。

開催場所：三丸百貨店　12F 会議室 B
受講料：無料

お問い合わせ：**03-1234-5678**（三丸百貨店お客様相談室）

参加申込　記入の上、00-0000-0000 まで FAX してください。

参加者氏名	所属	電話番号

たくさんの人に参加してほしいので
内容盛りだくさんでまとめました！

定型文書

社内広報

社内プレゼン資料

社外広報

販売促進

社外プレゼン資料

POINT!!

勉強会を開催することがゴールではなく、会社側の目的と、参加者側のメリットを明確にしたうえで資料を作っていこう。

After

忙しいときに細かい文字まで読まんだろう…
通りすがりにパッと見て「お！」と思わせないと

参加するメリットがわからない

① 何の勉強会なのか
一目でわからない

社内勉強会のお知らせ

2021年6月12日（土）14:00-16:00

有名企業十数社で人材教育・マネジメントに従事。たくさんの経験から学んだ知識で最適なクレーム対応をお教えします！

マネジメントコンサルタント
クレーム対応研究会　岡部　冴子

テーマ これであなたも接客のプロに今日からなる！
クレーム対応力レベルアップセミナー

日々様々なお客様と直接顔を合わせてやりとりをする接客業において、クレームは必ず向き合わなければいけない問題です。「クレームへの苦手意識が強くて日々の仕事が憂鬱」「なんとかこなしているけれど、今よりもっと上手に対応できるようになりたい！」「お客様に納得いただける対応をして、クレームを逆手にリピーターになってもらいたい」「そもそもクレームの発生を事前にある程度減らせないかな？」などクレームに対する様々な悩みを解消し、クレームの削減、受けた場合の正しい対処方法を学び、仕事へのモチベーションアップにつなげましょう。

セミナー内容 まずはなぜクレームが起こるのか、よくある発生原因をパターンに分けて解説。
それぞれのクレーム対応への対処法を学んだ後、ロールプレイングを通した実践形式で明日から現場で即使えるスキルを身につけていきます。
①パターンごとに参加者同士が「応対者役」「お客様役」となりクレーム対応のロールプレイングを行います。
②応対の中で発生した問題点などをそれぞれの立場から意見交換、考察します。
③出た意見を元にブラッシュアップした解決方法で再度実践し、役を交代してさらに再度行い、しっかりとクレーム対応に対する恐怖感や疑問を解消していきます。

開催場所：三丸百貨店　12F 会議室 B
受講料：無料

お問い合わせ：03-1234-5678（三丸百貨店お客様相談室）

参加申込　記入の上、00-0000-0000 まで FAX してください。

参加者氏名	所属	電話番号

② 「なぜ今必要なのか」「何が得られるのか」が直感的に伝わらない

③ 勉強会が初めての人にとっては、イラストだけではイメージが湧かず不安

編集ポイント！

まずは主催者側の想いが伝わるように

① まずは興味を持ってもらうことが大事。忙しいビジネスマンでも一目で内容がわかるように、タイトルは大きく簡潔に伝えましょう。

＼ とりわけ編集力！ ／

② あれもこれもと詰め込みすぎると文章は長くなり読み手の意欲を削いでしまいます。得られるメリットを抜粋して伝えることで参加率アップ！

③ 固いイメージのある勉強会なので写真を使って明るい雰囲気を伝えましょう。気軽に参加しようという気持ちになります。

定型文書

社内広報

社内プレゼン資料

社外広報

販売促進

社外プレゼン資料

After

時間を割いてでも参加してみようかなと思わせる

参加費 無料

これであなたも今日から接客のプロになる！

クレーム対応力
レベルアップセミナー

日々様々なお客様と直接顔を合わせてやりとりをする接客業において、クレームは必ず向き合わなければいけない問題です。クレームに対する様々な悩みを解消し、クレームの削減、受けた場合の正しい対処方法を学び、仕事へのモチベーションアップにつなげましょう。

① 内容が一目でわかる
タイトル

③ 写真入りで
雰囲気が
イメージできる！

例えばこんな悩みを解決します！

● クレームへの苦手意識が強くて日々の仕事が憂鬱…
● 今よりもっと上手に対応出来るようになりたい！
● クレームを逆手にリピーターになってもらいたい
● そもそも事前にある程度クレームを防げないかな？

―― セミナー内容 ――

① クレームの発生原因、対処法をパターンに分けて講師が解説します。

② パターンごとに参加者同士が「応対者役」「お客様役」となりクレーム対応のロールプレイングを行います。

③ 問題点などを各々の立場から考察、ブラッシュアップを行い、クレーム対応に対する恐怖感や疑問を解消していきます。

とりわけ
編集力！

② メリットを箇条書き
にすることで
参加意欲が UP！

講師
マネジメントコンサルタント
クレーム対応研究会
岡部 冴子（おかべ さえこ）
有名企業十数社で人材教育・マネジメントに従事。たくさんの経験から学んだ知識で最適なクレーム対応をお教えします！

日時
2021年 **6/12** (土) 14:00-16:00
13:30 受付開始

開催場所
三丸百貨店12F会議室B

お問合わせ
03-1234-5678 (三丸百貨店お客様相談室)

参加申込の方は記入の上、00-0000-0000 まで FAX してください。

	①	②	③	④
参加者氏名				
所属				
電話番号				

もっと編集力！

Before

After

メリットを箇条書きにしてあげると
上司や周りに説得する際にも都合がいいんだ

伝えたいことがたくさんあるからといって長い文章にしてしまうと、読み手は理解するために時間をとられてしまいます。社内で承認をもらう際も、パッと見てわかる内容だと的確な指摘をもらえたり、承認までスムーズに進めることができます。

04 社内イベントの告知ポスター

Before

お土産付き！　　　　　　　　　　　　定員50名

ヤトミファクトリー
ファミリーデー開催！

開催日：2021年10月23日（土）
開催時間：10:00-17:00
※当日は9時45分までに受付にお越しください
開催地：ヤトミファクトリー本社

普段自分の家族はどんな場所で、どんな仕事をしているのかな？
なかなか普段は見られない仕事場を見学・体験してもらうことで、ご家族に仕事を理解してもらったり会社に対して安心してもらえると、家族内でのコミュニケーションがもっと楽しくなります！ぜひこの機会にご家族お揃いでファミリーデーにお越しください！（当日は汚れても良い動きやすい服装でお越しください）

～ファミリーデーの内容～
①社長の挨拶②参加者同士の自己紹介③会社説明、ファクトリー見学
④ランチ懇親会（野外BBQ）⑤お仕事体験、木工ワークショップ

※申し込み締切日：8月27日（金）

会社の雰囲気が伝わる写真と、
イベント情報をなるべく塊にして載せました！

定型文書

社内広報

社内プレゼン資料

社外広報

販売促進

社外プレゼン資料

POINT!!

家族も参加できるイベントは、家族内のコミュニケーション向上や職場への理解が期待できる。それを想像して興味を持ってもらえるような内容に。

After

それじゃあ全然ワクワクしないな〜
家族と参加しようかな、と思えるような見せ方じゃないと

参加側の気持ちが考えられていない

お土産付き！　　　　　　　　　　　　　定員50名

ヤトミファクトリー
ファミリーデー開催！

開催日：2021年10月23日（土）
開催時間：10：00-17：00
※当日は9時45分までに受付にお越しください
開催地：ヤトミファクトリー本社

① 子どもは何歳から？
定員は何人？
といった詳細が
わからない

普段自分の家族はどんな場所で、どんな仕事をしているのかな？
なかなか普段は見られない仕事場を見学・体験してもらうことで、ご家族に仕事を理解してもらったり会社に対して安心してもらえると、家族内でのコミュニケーションがもっと楽しくなります！ぜひこの機会にご家族お揃いでファミリーデーにお越しください！（当日は汚れても良い動きやすい服装でお越しください）

② 写真が抽象的で、
家族が楽しめる
イメージが湧かない

③ どんなイベントが
あるのかが
わかりにくい

〜ファミリーデーの内容〜
①社長の挨拶②参加者同士の自己紹介③会社説明、ファクトリー見学
④ランチ懇親会（野外BBQ）⑤お仕事体験、木工ワークショップ

※申し込み締切日：8月27日（金）

編集ポイント！

メリットを想像させるビジュアルに

① 参加を希望する人が申し込める対象であるのかないのかパッと見てわかるよう、端的に必要な情報をまとめて記載しましょう。

② 写真を選ぶ際は、イベント内容がよくわかる写真を選びましょう。特に家族みんなで楽しめるイベントの写真をメインにするのがおすすめです。

＼ひときわ編集力！／
③ イベント内容をタイムスケジュールや写真と一緒に添えて掲載することで、当日の流れがわかりやすく、楽しいイベントの雰囲気も伝わります。

After

想像 → 興味 → 行動につながる

good !

② 家族が楽しめそうに感じるビジュアル

③ イベントの数、内容がわかりやすい

① 「我が家は対象か、対象外か」が瞬時に判断できる

ひときわ編集力！

2021 10/23 (土) 10:00〜17:00
（9:45までに受付にお越しください）

ヤトミファクトリー
ファミリーデー！

ご家族に楽しみながらヤトミファクトリーでのみなさんのお仕事を体験して感じてもらえる1日です！会社を知れば、もっと家族が仲良くなる♪
ぜひこの機会にご家族おそろいでファミリーデーにお越しください！

作ったおうちはプレゼント！

| 10:00〜 社長からご挨拶 | 10:30〜 ファクトリー見学ツアー | 13:30〜 木工ワークショップ |
| 10:15〜 参加者みんなで自己紹介 | 12:00〜 お外でBBQ懇親会！ | |

お申込みについて
申込み期限 **8/27(金)**まで
（※定員になり次第締め切り）
参加資格 **小学1年生〜**
定員 **50名**

当日について
開催地 **ヤトミファクトリー本社**
●当日は木工ワークショップがありますので、汚れても良い、動きやすい服装でお越しください。
（エプロンがあればぜひご持参ください）

 もっと編集力！

Before
イベント内容
①挨拶②自己紹介
③会社見学④昼食

After
イベント内容
④ 10:00〜 挨拶
⑤ 10:15〜 自己紹介
⑥ 10:30〜 会社見学
⑦ 12:00〜 昼食

1日通してのイベントは、タイムスケジュールも記載するとより親切でイメージしやすい！

ファミリーデーなどの家族参加型のイベントは、大人だけでなく子どもも参加するイベントです。何時にご飯が食べられる、何時にお楽しみイベントがある、など事前にわかれば子どもを引率する保護者も安心してイベントに参加できますよ。

定型文書 / 社内広報 / 社内プレゼン資料 / 社外広報 / 販売促進 / 社外プレゼン資料

社内啓発ポスター

Before

イラストをたくさん入れて
危険さが伝わるように作りましたよ！

ポスターを見てる方が注意散漫になるぞそりゃ…
啓発ポスターはインパクトが大事なんだ

要素が乱立していてメッセージが入ってこない

歩きスマホ
ながらスマホは危険な行為です！

歩きスマホ等、注意力が
散漫になる行為はやめましょう。

① 色数が多すぎて
キャッチコピーが目立たない

② 装飾素材を多く
取り入れているため
視線が散乱する

歩きながらスマートフォンを操作する、
「歩きスマホ」は、画面に夢中になるあまり、
周りの方への注意力が散漫となり
転倒や階段からの転落などによるけが、
他の歩行者と接触に遭うおそれもあり、
大変危険な行為です。

館内での歩きながらの業務メールの確認、電話は控えましょう。
館内でやむを得ずスマートフォン等を使用する際は
必ず立ち止まり、自分や周りの安全を確認した上で、
使用、確認するようにしましょう。

また、車両を運転しながらスマートフォン等を操作する、
いわゆる「ながら運転」も絶対にしてはいけません！！

危ない！

守ろう
社内マナー

マナー向上プロジェクト
イメージキャラクター
ごよーくん

STOP! ながら運転

③ イラストでは
リアルなイメージが
湧かない

詰め込みすぎず、シンプルな言葉とレイアウトで伝える

① キャッチコピーは端的にまとめましょう。過度な装飾をすると、せっかくのメッセージがぼやけてしまいます。見せたいものを絞るように！

② 色数も極力少ない方がメッセージが強まります。注意喚起なら赤と黄、環境系ならグリーン、など目的に合った配色をすると効果的です。

＼ とりわけ編集力！ ／

③ イラストよりもハッとするリアリティのある写真を大きく扱う方が人目を引き、より啓発ポスターとしての役割を果たすでしょう。

定型文書

社内広報

社内プレゼン資料

社外広報

販売促進

社外プレゼン資料

After

メッセージがストレートに飛び込んでくる

goood!

② 黄色と赤に絞って
アラート感を出す

とりわけ
編集力!

① 文字を斜めに
することで
呼びかけて
いるような勢いを

③ インパクトのある
写真を大きく扱う

やめましょう！
ながらスマ歩。

館内でやむを得ず、メール対応や電話をする際は
必ず立ち止まり、自分や周りの安全を確認した上で使用、
確認するようにしましょう。
また、車両を運転しながらスマートフォン等を操作する、
いわゆる「ながら運転」も絶対にしてはいけません。

守ろう
社内マナー

マナー向上プロジェクト
イメージキャラクター
こよーくん

もっと編集力！

これは「簡単」かつ「インパクト」を与えられる、
とても使える王道レイアウト！

ポスターを社内で作るのは少しハードルが高いかもしれません。しかし、
いくつかのレイアウトパターンを覚えておけば、ポスターやチラシなど、
さまざまなシーンに応用することができます。簡単な図形や文字組
だけでできるので、ぜひ一度試してみてください。

Before

これめちゃくちゃ作るの時間かかりますね…
みんな読んでくれたらいいんだけど…

社内メルマガの目的は基本的に社内報と同じ。あまり効果がないと思われがちだが、情報の鮮度は圧倒的に上。社員のモチベーション向上につなげよう。

定型文書

社内広報

社内プレゼン資料

社外広報

販売促進

社外プレゼン資料

After

受信トレイ (10)
下書き
送信済み
重要
ゴミ箱

Q メールを検索

1/524　あ

【社内メルマガ vol.12】
バイク業界の最旬トレンドをお届け！
INDEX

1. 業界初の電動二輪車「reideon」が登場！
2. 最新情報 バイク業界のあれこれ♪
3. Hayato がモーターサイクルショー2021 出展！
4. 弊社のバイク用マフラーが全日本ロードバイク
選手権のワークスチームに採用！

| 1 | 業界初の電動二輪車！

・2021年に業界初の電動二輪車「reideon」が発表。
・クラッチ操作やシフトチェンジが不要で操作は簡単！
・最高速度は時速 177km も！

▼情報の詳細、その他ニュースはこちらからチェック！

そりゃ凝りすぎだな！！ 手間をかけず、かつ
社員が読みたくなる内容と見せ方を考えないと

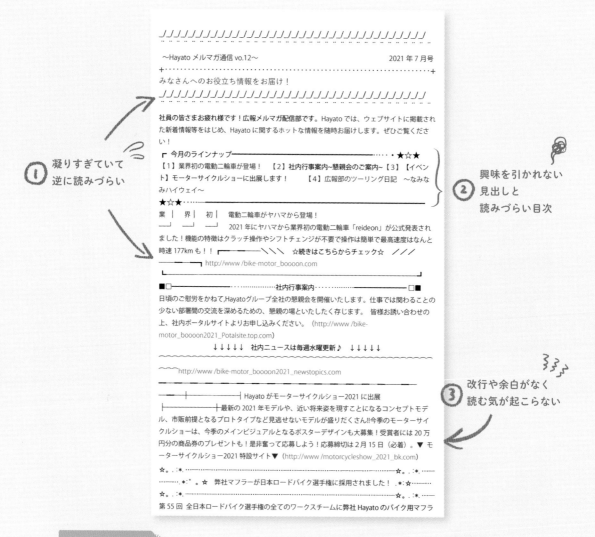

Before

読み手への配慮が感じられない

```
/////////////////////////////////////////////////////////
～Hayato メルマガ通信 vo.12～                    2021 年 7 月号
+――――――――――――――――――――――――――――――――――――――+
みなさんへのお役立ち情報をお届け！
/////////////////////////////////////////////////////////
```

社員の皆さまお疲れ様です！広報メルマガ配信部です。Hayato では、ウェブサイトに掲載された新着情報等をはじめ、Hayato に関するホットな情報を随時お届けします。ぜひご覧ください！

┌ 今月のラインナップ ――――――――――――――――・・・・・★☆☆
【1】業界初の電動二輪車が登場！ 【2】社内行事案内～懇親会のご案内～【3】【イベント】モーターサイクルショーに出展します！ 【4】広報部のツーリング日記 ～なみなみハイウェイ～
★☆☆――

業｜界｜初｜ 電動二輪車がヤハマから登場！
　　　　　2021 年にヤハマから業界初の電動二輪車「reideon」が公式発表されました！機能の特徴はクラッチ操作やシフトチェンジが不要で操作は簡単で最高速度はなんと時速 177km も！！ ＼＼ ☆続きはこちらからチェック☆ ／／／
　　　　　http://www /bike-motor_boooon.com

■□―――――――――――・・・・社内行事案内・・・・――――――――――――
日頃のご慰労をかねて,Hayato グループ全社の懇親会を開催いたします。仕事では関わることの少ない部署間の交流を深めるための、懇親の場といたしたく存じます。 皆様お誘い合わせの上、社内ポータルサイトよりお申し込みください。（http://www /bike-motor_boooon2021_Potalsite.top.com）

↓↓↓↓↓ 社内ニュースは毎週水曜更新♪ ↓↓↓↓↓

～～http://www /bike-motor_boooon2021_newstopics.com

――――――――┤Hayato がモーターサイクルショー2021 に出展
├―――――┤最新の 2021 年モデルや、近い将来姿を現すことになるコンセプトモデル、市販前提となるプロトタイプなど見逃せないモデルが盛りだくさん‼今季のモーターサイクルショーは、今季のメインビジュアルとなるポスターデザインも大募集！受賞者には 20 万円分の商品券のプレゼントも！是非奮って応募しよう！応募締切は 2 月 15 日（必着）。▼モーターサイクルショー2021 特設サイト▼（http://www /motorcycleshow_2021_bk.com）
☆。・:*――――――――――――――――――――――――――☆。・:*．
・・・*゚・。★ 弊社マフラーが日本ロードバイク選手権に採用されました！ ☆・☆――
第 55 回 全日本ロードバイク選手権の全てのワークスチームに弊社 Hayato のバイク用マフラ
```

**① 凝りすぎていて逆に読みづらい**

**② 興味を引かれない見出しと読みづらい目次**

**③ 改行や余白がなく読む気が起こらない**

---

**編集ポイント！**

## 忙しい仕事の合間に読んでもらえる見せ方を考える

**①** メルマガは読みやすさが重要。凝りすぎは自己満足に捉えられかねません。装飾も文章もシンプルに、簡潔に！読み手のことを考えた見せ方を。

**②** 役立つメルマガにするには、忙しい社員の手助けになるようなメリットを感じさせる内容にすることはもちろん、目次が見やすいことも重要です。

＼ ひときわ編集力！／

**③** 全部を読ませるのではなく、自分の興味のある内容だけを拾ってもらえるように、改行や余白を使って読みやすいレイアウトにしましょう。
```

After

鮮度の良い情報源に

//

【社内メルマガ vol.12】
バイク業界の最旬トレンドをお届け！

//

INDEX

1. 業界初の電動二輪車「reideon」が登場！
2. 最新情報 バイク業界のあれこれ♪
3. Hayato がモーターサイクルショー2021 出展！
4. 弊社のバイク用マフラーが全日本ロードバイク
   選手権のワークスチームに採用！

| 1 | 業界初の電動二輪車！

- 2021年に業界初の電動二輪車「reideon」が発表。
- クラッチ操作やシフトチェンジが不要で操作は簡単！
- 最高速度は時速 177km も！

   ▼情報の詳細、その他ニュースはこちらからチェック！
   http://www./bike-motor_booooon.news.com

| 2 | バイク業界　最新情報

- ヘルメットってどれぐらいで交換する？
  「バイク用品に関する意識調査 2021」を実施
   ▼アンケート結果はこちら！
   http://www./bike-enquete2021_qanda.com

- ヤマハが国際的デザイン賞「Nice Design アワード」を受賞
   ▼デザイン受賞のレポートはこちら！
   http://www./nice_design2021_report07.com

| 3 | 【イベント】　モーターサイクルショーに出展！

- 最新の2021年モデルや、近い将来姿を現すことになる
  コンセプトモデル、市販前提となるプロトタイプなど
  見逃せないモデルが盛りだくさん!!
   ▼モーターサイクルショー2021　特設サイト
   http://www./motorcycleshow_2021_bk.com

| 4 | 弊社マフラーが日本ロードバイク選手権に採用！

- 第55 回　全日本ロードバイク選手権の全てのワークスチームに
  弊社 Hayato のバイク用マフラー製品「Bonn」が採用されました！

① シンプルかつ
読みやすい
最低限の装飾

② 役に立つ情報と
見やすい目次

ひときわ
編集力！

③ コンテンツごとの
区切りがわかりやすい

もっと編集力！

コンテンツを考えるのが大変だが
目的に立ち返りながら続けることを目指そう

発信し続けるのが大変なメルマガ。部門間の相互理解が深まるようなホットな製品ニュースやプレスリリース情報、営業の参考になりそうな時事ニュース、企業文化を浸透させるための定期的な理念の発信、コンプライアンスの周知など、目的を意識しながら無理のない間隔で続けましょう。

定型文書

社内広報

社内プレゼン資料

社外広報

販売促進

社外プレゼン資料

余白の効果

装飾や要素が多すぎてどこを見れば良いのかわからない。文章が長すぎて何を言いたいかわからない。資料を見てそう思うことはありませんか？ 自分では「頑張って作った！」「頑張って書いた！」と思っていても、読んでもらえない、伝わらない資料では意味がありません。

余白の効果から学ぶ編集力！

注目してほしいし、ちゃんと伝えたいからしっかり書いているのに、よく「もっと簡潔にして」って言われるんですよ

特に文章が長すぎると、「もしかして自分でも理解しきれてないんじゃないの？」と思われかねないぞ

えええ！！！ 熱意を見せようと思ったのに…！
スカスカにすると手抜きみたいじゃないですか…！

「スカスカ」と「簡潔」はぜんぜん意味が違うぞ…
余白が理解できれば「できる人！」と思われること間違いなし！

要素が詰まっていればより伝わる！ と思いがちですが、それでは読み手を疲れさせ、見た目も野暮ったくなります。余白の基礎、生み方、使い方を理解するのも編集力のひとつです。

編集ポイント！

- 時間をかけず ・・・・・・・・・・・・・・・ 最低限の装飾
- 読み手の負担も少なく ・・・・・・・・・・・・ 視線誘導
- 理解しやすく ・・・・・・・・・・・・・・・ 情報の区分け
- 要点が伝わる ・・・・・・・・・・・・・ 簡潔な文章 など

① 余白の基礎 / まわりの余白

　シートまわりの余白、四角や吹き出しなどの中にあるオブジェクトまわりの余白、これらが適切にあるだけで読み手の関心を引きつけるシンプルで読みやすい資料になります。シートまわりの余白の設定は、制作物の種類や見る形式によってその都度最適な余白に設定しましょう。

シートまわりの余白

Before

シートの端ギリギリまで要素が詰まっているため圧迫感がある。情報の優先順位がわかりづらく、どこから見たらいいのか迷う資料になってしまっている。

After

シートの端から要素まで十分な余白を持たせ、リラックス感があり洗練された印象に。情報のメリハリもつき、わかりやすい資料となった。

吹き出しの中にある情報まわりの余白

Before

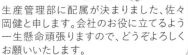

吹き出しの端ギリギリまで要素が詰まっているため野暮ったい見た目になっている。文字もぎゅうぎゅうで読みにくい印象に。

After

適度な余白を持たせることですっきりした見た目に。写真を大きく使っても、適度な余白があるため情報も見やすくまとまっている。

❷ 余白の生み方

「文章を簡潔にする」「文章を図やアイコン化する」「余計な装飾をなくす」など、内容を精査して必要な要素を適切に表すことで余白が生まれ、わかりやすく美しい資料になります。

● 文章を簡潔にする

「余計な情報」「不要な接続詞」「語句の重複」「回りくどい表現」をやめることで、短く伝わる文章になります。それにより余白が生まれ、すっきりと読みやすい資料になります。

Before

日々さまざまなお客さまと直接お顔を合わせてやりとりをする接客業において、クレームは必ず向き合わなければいけない問題です。クレームに対するさまざまな悩みを解消するためには、クレームの削減、受けた場合の正しい対処方法を学ぶことが必要です。これら正しい対処法を勉強することで、仕事へのモチベーションアップにつなげましょう。

After

さまざまなお客さまとお顔を合わせる接客業において、クレームは必ず向き合わなければいけない問題です。クレームの削減、正しい対処方法を学び、モチベーションアップにつなげましょう。

● 文章を図やアイコン化する

長い文章をグラフィック化することで、より直感的に伝わる資料になります。

Before

●現状分析●
　若い女性向けの商品として平成26年の発売以降、2年間は約1.2倍ずつ年間売上がアップしていたが、その後の3年間、現在に至るまで売上が伸び悩み現在に至っている。

After

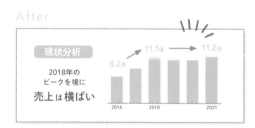

現状分析
2018年のピークを境に
売上は横ばい
8.2億　11.1億　→　11.2億
2016　2018　2021

● 余計な装飾をなくす

装飾は必要な部分のみアクセントとして使用しましょう。

Before

ソフトウェア開発	IT サービス
システム構築及びアプリ開発において高品質のサービスをご提供します。	お預かりしたシステムを24時間365日安全に運用管理いたします。

After

ソフトウェア開発	IT サービス
システム構築及びアプリ開発において高品質のサービスをご提供します。	お預かりしたシステムを24時間365日安全に運用管理いたします。

❸ 余白の使い方 / 情報のグループ化と視線誘導

　余白を「情報のグループ化」「視線誘導」に効果的に使うことで、区切り線や囲みを使わなくても要素同士のまとまりがわかりやすく読みやすい資料になります。無駄な装飾をする手間も省け、作業時間の短縮にもなります。

情報のグループ化

Before

グループごとに囲み枠で分けているのでグループ化はできているが、余計な装飾が多いため、窮屈な印象になっている。

After

囲み枠がなくてもグループ間の余白をしっかりとることでグループ化することができ、すっきりとした見た目に。

視線誘導

Before

左上から右下へ流れるスケジュールだが、余白が均一でさらに矢印など誘導するものもないので、どの順序で読めばいいのかわからない。

After

左右の余白は狭めに、上下の余白はたっぷりととることで、左上から右下へ流れるような視線誘導ができている。

EDIT

03

社内資料

| 定型文書

| 社内広報

| 社内プレゼン資料

1. 商品リニューアルの企画書
2. イベント企画書
3. 業務改善の提案書
4. 売上推移報告資料
5. 業績報告のグラフ資料
6. スケジュール概要

社内プレゼン資料の目的とは

　社内プレゼンは、社外と違って相手が身内の人たちです。つまり、ある程度の共通認識を持っている相手に、現状を知って提案を聞き承認してもらうフローをいかにスピーディーに行うかが大事です。そのためにも余計な盛り上げや装飾は省き、シンプルに簡潔に伝えましょう。とはいえ、やみくもに作成に取り掛かると時間がかかります。特に決裁者が気にするポイントは「会社の利益になるか」「実現可能か」「会社の理念に沿っているか」です。そのポイントを軸に進めれば、これまでより作成にかかる時間も、決裁が下りる時間も驚くほど短くなるでしょう。

> この間のスライドも作り直しって言われて
> 毎日スライドばっかり作ってる気がします…

> 本部長にどこがダメだったか聞いたか？
> そこを説得できるように考えるんだ

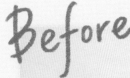

Edit03
01 | 商品リニューアルの企画書

社内プレゼン資料

Before

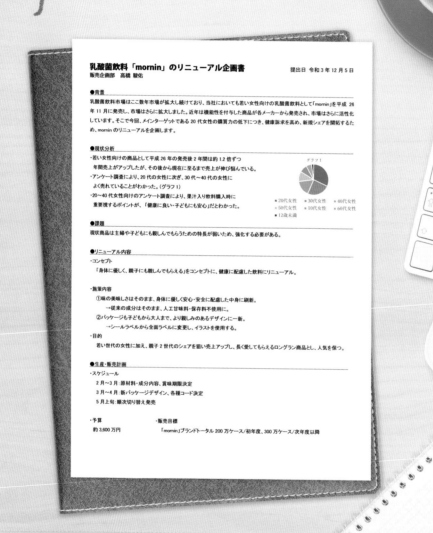

乳酸菌飲料「mornin」のリニューアル企画書

販売企画部　高橋　駿佑

提出日 令和 3 年 12 月 5 日

●背景

乳酸菌飲料市場はここ数年市場が拡大し続けており、当社においても若い女性向けの乳酸菌飲料として「mornin」を平成 26 年 11 月に発売し、市場はさらに拡大しました。近年は機能性を付与した商品が各メーカーから発売され、市場はさらに活性化しています。そこで今回、メインターゲットである 20 代女性の購買力の低下につき、健康訴求を高め、新規シェアを開拓するため、mornin のリニューアルを企画します。

●現状分析

・若い女性向けの商品として平成 26 年の発売後 2 年間は約 1.2 倍ずつ
　年間売上がアップしたが、その後から現在に至るまで売上が伸び悩んでいる。
・アンケート調査により、20 代の女性に次ぎ、30 代〜40 代の女性に
　よく売れていることがわかった。(グラフ 1)
・20〜40 代女性向けのアンケート調査により、果汁入り飲料購入時に
　重要視するポイントが、「健康に良い・子どもにも安心」だとわかった。

グラフ 1

■20代女性　■30代女性　■40代女性
■50代女性　■10代女性　■60代女性
■12歳未満

●課題

現状商品は主婦や子どもにも親しんでもらうための特長が弱いため、強化する必要がある。

●リニューアル内容

・コンセプト
　「身体に優しく、親子にも親しんでもらえる」をコンセプトに、健康に配慮した飲料にリニューアル。

・施策内容
　①味の美味しさはそのまま、身体に優しく安心・安全に配慮した中身に刷新。
　　　→従来の成分はそのまま、人工甘味料・保存料不使用に。
　②パッケージも子どもから大人まで、より親しみのあるデザインに一新。
　　　→シールラベルから全面ラベルに変更し、イラストを使用する。

・目的
　若い世代の女性に加え、親子 2 世代のシェアを狙い売上アップし、長く愛してもらえるロングラン商品とし、人気を保つ。

●生産・販売計画

・スケジュール
　2 月〜3 月：原材料・成分内容、賞味期限決定
　3 月〜4 月：新パッケージデザイン、各種コード決定
　5 月上旬：順次切り替え発売

・予算
　約 3,600 万円

・販売目標
　「mornin」ブランドトータル 200 万ケース/初年度、300 万ケース/次年度以降

見出しごとに線を引いて読みやすくしました！
僕、結構作れるようになりましたよね！

定型文書

社内広報

社内プレゼン資料

社外広報

販売促進

社外プレゼン資料

POINT!!

すでにある商品やサービスの改良改善を提案する企画書では、必要性を
アピールするために、市場調査や販売実績から現状分析したデータが不可欠。

After

まあそうだなあ。そこにグラフや具体的な数字を入れると
もっと説得力のある企画書になるぞ！

乳酸菌飲料「mornin」のリニューアル企画書

販売企画部　高橋　駿佑

提出日　令和 3 年 12 月 5 日

●背景

乳酸菌飲料市場はここ数年市場が拡大し続けており、当社においても若い女性向けの乳酸菌飲料として「mornin」を平成 26 年 11 月に発売し、市場はさらに拡大しました。近年は機能性を付与した商品が各メーカーから発売され、市場はさらに活性化しています。そこで今回、メインターゲットである 20 代女性の購買力の低下につき、健康訴求を高め、新規シェアを開拓するため、mornin のリニューアルを企画します。

●現状分析

- 若い女性向けの商品として平成 26 年の発売後 2 年間は約 1.2 倍ずつ
  年間売上がアップしたが、その後から現在に至るまで売上が伸び悩んでいる。
- アンケート調査により、20 代の女性に次ぎ、30 代～40 代の女性に
  よく売れていることがわかった。（グラフ 1）
- 20～40 代女性向けのアンケート調査により、果汁入り飲料購入時に
  重要視するポイントが、「健康に良い・子どもにも安心」だとわかった。

グラフ 1

■20代女性　■30代女性　■40代女性
■50代女性　■10代女性　■60代女性
■12歳未満

●課題

現状商品は主婦や子どもにも親しんでもらうための特長が弱いため、強化する必要がある。

●リニューアル内容

- コンセプト

  「身体に優しく、親子にも親しんでもらえる」をコンセプトに、健康に配慮した飲料にリニューアル。

- 施策内容

  ①味の美味しさはそのまま、身体に優しく安心・安全に配慮した中身に刷新。
  →従来の成分はそのまま、人工甘味料・保存料不使用に。
  ②パッケージも子どもから大人まで、より親しみのあるデザインに一新。
  →シールラベルから全面ラベルに変更し、イラストを使用する。

- 目的

  若い世代の女性に加え、親子 2 世代のシェアを狙い売上アップし、長く愛してもらえるロングラン商品とし、人気を保つ。

●生産・販売計画

- スケジュール

  2 月～3 月：原材料・成分内容、賞味期限決定
  3 月～4 月：新パッケージデザイン、各種コード決定
  5 月上旬：順次切り替え発売

- 予算　　　　　　　　・販売目標
  約 3,800 万円　　　　「mornin」ブランドトータル 200 万ケース／初年度、300 万ケース／次年度以降

---

① 文章が長く、とりとめがない

② 数字やデータが理解しづらい

③ 円グラフがわかりにくい

編集ポイント！

社内では「根拠はデータで示す」が鉄則

① 文章量が多いと趣旨を理解するのに時間がかかります。数字の説明はグラフや表にまとめ、文章が必要な部分はなるべく簡潔にまとめます。

＼ こだわり編集力！ ／

② 調査結果や現状報告はグラフや数字で示すことが事実の裏付けとなり、決裁者も判断しやすくなります。重要な数字は特に強調します。

③ カラフルな円グラフは煩雑な印象に。何を伝えたいのかを考え、重要な項目のみ色をつけましょう。凡例も省き、内容はグラフの中に入れます。

After

グラフや数字で趣旨を理解しやすい

乳酸菌飲料「mornin」のリニューアル企画書

販売企画部 高橋 駿佑 / 提出日 令和3年12月5日

背景・現状分析

競合他社・市場
- 乳酸菌飲料市場の年平均成長率は平成28年以降**2.2**%
- 近年、機能性を付与した商品が各メーカーから発売

当社

mornin売上

売上は横ばい
2018年のピークを境に

mornin購入層

20代女性に次ぎ
30代〜40代
の女性が多い

2021年9月〜11月 自社PF別調査 n=1234人

顧客

果汁入り飲料の購入時に
重要視するポイント

見栄えに弱い
子どもにも安心
値段が安い
味が美味しい
量が多い

20〜40代女性対象の
アンケート調査によると
**健康・安全志向
の高まり**

2021年10月〜11月 自社PF別調査 n=728人

問題点・課題

現状商品は主婦や子どもにも
親しんでもらうための特長が弱いため、
強化する必要がある

① 健康面に配慮した中身に
② パッケージデザインの刷新

現状のmorninパッケージ

リニューアル内容

コンセプト
身体に優しく、親子にも親しんでもらえる
健康に配慮した飲料にリニューアル

目的
- 若い世代の女性に加え、
  親子2世代のシェアを狙い売上アップへ
- 長く親しみ愛してもらえるロングラン商品とし、
  人気を保つ。

施策内容
① 味の美味しさはそのまま、
  身体に優しく安心・安全に配慮した中身に刷新

  → 従来の成分はそのまま、
    人工甘味料・保存料不使用に

② パッケージを、子どもから大人まで
  より親しみのあるデザインに一新

  → シールラベルから全面ラベルに変更し、
    イラストを使用する

生産・販売計画

スケジュール
2月〜3月：原材料・成分内容、賞味期限決定
3月〜4月：新パッケージデザイン、各種コード決定
5月上旬：順次切り替え発売

予算
約3,600万円

販売目標
「mornin」ブランドトータル
200万ケース/初年度
300万ケース/次年度以降

文章は簡潔に
まとめる

こだわり
編集力!

② グラフや数字で
具体的に説明

③ 直感的に
理解できる
円グラフ

もっと編集力!

現状報告 → 解決策 → 具体的計画
の流れができているか確認しよう

企画書には、①現状の課題や問題点の提示、②それを解決するアイデア、③実現したときのメリット、④実践に向けての具体的な計画をしっかり示しましょう。どんな企画書も目的は問題解決にあります。そのための道筋がきちんと通っていれば、相手にも内容がしっかり伝わるでしょう。

定型文書
社内広報
社内プレゼン資料
社外広報
販売促進
社外プレゼン資料

Before

秋の新作パン試食イベント企画書

実施予定期間
2021年10月9日（土）〜10月10日（日）

ターゲット

当店を利用したことのない新規のお客様。
新しいものや話題のものに興味がある20〜30代女性
やファミリー層。
GOOD Lives COFFEEのファン。

コンセプト

秋の新作パンと名店のコーヒーを
楽しむ特別な週末

キーワードはパンとコーヒーとゆったり時間

イベント概要

新作パン5種の試食の呼び込みとご紹介。
GOOD Lives COFFEEのコーヒーの提供。特別セットの販売。

■イベント名：満月ベーカリー　秋の新作試食会
■開催日時：2021年10月9日（土）10（日）
■実施店舗：満月ベーカリー全店
■来場予定者数：各店300名

■準備物：提供用のコーヒー 100杯/1日
　　　　　GOOD Lives COFFEEのドリップコーヒーと焼き菓子の
　　　　　セット 60セット/1店
　　　　　イベント告知チラシ　3000部
　　　　　新作パンと満月ベーカリー紹介チラシ　5000部

■予算：120万円

目標

イベントや紅葉シーズンで増える観光客へ向けて当
店をPRする。
楽しい雰囲気のイベントで集客を図り、実際にパン
を食べてもらうことで購入に繋げる。

新規顧客の獲得
売上20%UP

楽しい雰囲気が伝わるようにカラフルに、
矢印で読み順もわかりやすく作りました！

定型文書
社内広報
社内プレゼン資料
社外広報
販売促進
社外プレゼン資料

秋の新作パン試食イベント企画書

背景
- 毎年紅葉シーズンには県外から多くの観光客が訪れる。
- 新規客に興味を持ってもらえる仕掛けを強化したい。
- 近年、食に関するイベントは多くの人を集めている。
- 昨年度のパン試食会が好評だったため、今年も実施したい。

コンセプト

パンとコーヒーとゆったり時間

GOOD Lives COFFEEとのコラボレーションで、
秋の新作パンと名店のコーヒーを楽しむ特別な週末を過ごしてもらう。

 満月 Bakery ＋ GOOD Lives COFFEE

ターゲット
① 当店を利用したことのない新規のお客様。
② 新しいものや話題のものに興味がある20〜30代女性やファミリー層。
③ GOOD Lives COFFEEのファン。

目的
- イベントや紅葉シーズンで増える観光客へ向けて当店をPRする。
- お客様に改めて当店について紹介し、魅力を知ってもらう。
- 既存のお客様へもプラスワンの購入につなげる。
▼
新規顧客の獲得＋イベント期間中の売上20％UP

実施内容

1. **新作パンの試食とコーヒー配布** — お客様にもれなく新作パン5種とGOOD Lives COFFEEのコーヒーを無料配布。

2. **限定セットの販売** — GOOD Lives COFFEEのコーヒーと焼き菓子のセットをイベント限定で用意。

3. **割引クーポン配布** — 1,000円以上お買い上げのお客様に後日使える200円クーポンを進呈。

4. **SNSでのキャンペーン** — ハッシュタグ#満月ベーカリーの投稿をするとプレゼントの抽選に参加できる。

5. **店舗DMの配布** — 紹介DMを新規作成する。今後は来店客全員に配布。

イベント概要
- ■イベント名……満月ベーカリー 秋の新作試食会
- ■開催日時………2021年10月9日(土)〜10日(日)
- ■実施店舗………満月ベーカリー全店
- ■来場予定者数…各店300名
- ■準備物
  - ・提供用のコーヒー…100杯/1日
  - ・ドリップコーヒーと焼き菓子のセット…60セット/1店
  - ・イベント告知チラシ…3000部
  - ・新作パンと満月ベーカリー紹介チラシ…5000部
- ■予算…………120万

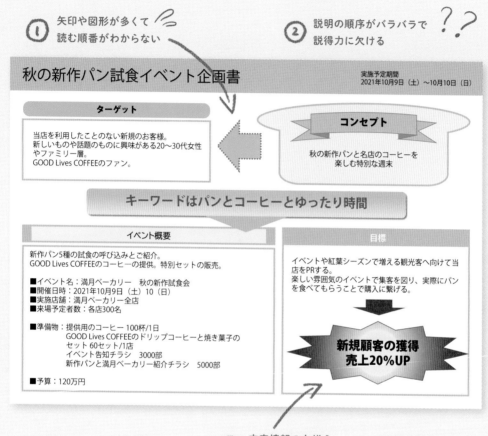

Before

矢印と図形の多用で煩雑に見える

① 矢印や図形が多くて読む順番がわからない

② 説明の順序がバラバラで説得力に欠ける

秋の新作パン試食イベント企画書

実施予定期間
2021年10月9日（土）〜10月10日（日）

ターゲット

当店を利用したことのない新規のお客様。
新しいものや話題のものに興味がある20〜30代女性
やファミリー層。
GOOD Lives COFFEEのファン。

コンセプト

秋の新作パンと名店のコーヒーを
楽しむ特別な週末

キーワードはパンとコーヒーとゆったり時間

イベント概要

新作パン5種の試食の呼び込みとご紹介。
GOOD Lives COFFEEのコーヒーの提供。特別セットの販売。

■イベント名：満月ベーカリー　秋の新作試食会
■開催日時：2021年10月9日（土）10（日）
■実施店舗：満月ベーカリー全店
■来場予定者数：各店300名

■準備物：提供用のコーヒー 100杯/1日
　　　　　GOOD Lives COFFEEのドリップコーヒーと焼き菓子の
　　　　　セット 60セット/1店
　　　　　イベント告知チラシ　3000部
　　　　　新作パンと満月ベーカリー紹介チラシ　5000部

■予算：120万円

目標

イベントや紅葉シーズンで増える観光客へ向けて当
店をPRする。
楽しい雰囲気のイベントで集客を図り、実際にパン
を食べてもらうことで購入に繋げる。

**新規顧客の獲得
売上20%UP**

③ 文字情報の左揃え、中央揃えが混在

編集ポイント！

情報を整理してシンプルな構造に再構築

① 矢印や図形、枠を多用すると複雑に見え視線が迷子になることも。視線の動きに沿ったＺ型レイアウトにし、図形は最小限の使用に留めます。

これこそ編集力！

② 説得力のある流れになるよう、現状報告→企画提案の順に構成しましょう。背景や目的を先に説明すると説得力が増します。

③ 文字情報は左揃えに統一し、可能な限り箇条書きで簡潔にまとめます。強調したいワードには色を使い、メリハリをつけると効果的。

定型文書
社内広報
社内プレゼン資料
社外広報
販売促進
社外プレゼン資料

After

余計な要素がなく、順を追って読める

① Z型レイアウトで
自然と読み進められる

② 説得の順に項目が
並んでいる

これこそ
編集力!

秋の新作パン試食イベント企画書

背景
- ●毎年紅葉シーズンには県外から多くの観光客が訪れる。
- ●新規客に興味を持ってもらえる仕掛けを強化したい。
- ●近年、食に関するイベントは多くの人を集めている。
- ●昨年度のパン試食会が好評だったため、今年も実施したい。

コンセプト
パンとコーヒーとゆったり時間

GOOD Lives COFFEEとのコラボレーションで、
秋の新作パンと名店のコーヒーを楽しむ特別な週末を過ごしてもらう。

満月 Bakery ＋ GOOD Lives COFFEE

ターゲット
① 当店を利用したことのない新規のお客様。
② 新しいものや話題のものに興味がある20～30代女性やファミリー層。
③ GOOD Lives COFFEEのファン。

目的
- ●イベントや紅葉シーズンで増える観光客へ向けて当店をPRする。
- ●お客様に改めて当店について紹介し、魅力を知ってもらう。
- ●既存のお客様へもプラスワンの購入につなげる。

▼

新規顧客の獲得＋イベント期間中の売上20%UP

実施内容

① 新作パンの試食とコーヒー配布
お客様にもれなく新作パン5種とGOOD Lives COFFEEのコーヒーを無料配布。

② 限定セットの販売
GOOD Lives COFFEEのコーヒーと焼き菓子のセットをイベント限定で用意。

③ 割引クーポン配布
1,000円以上お買い上げのお客様に後日使える200円クーポンを進呈。

④ SNSでのキャンペーン
ハッシュタグ＃満月ベーカリーの投稿をするとプレゼントの抽選に参加できる。

⑤ 店舗DMの配布
紹介DMを新規作成する。今後は来店客全員に配布。

イベント概要
- ■イベント名……満月ベーカリー 秋の新作試食会
- ■開催日時………2021年10月9日(土)～10日(日)
- ■実施店舗………満月ベーカリー全店
- ■来場予定者数…各店300名
- ■準備物
  - ・提供用のコーヒー…100杯/1日
  - ・ドリップコーヒーと焼き菓子のセット…60セット/1店
  - ・イベント告知チラシ…3000部
  - ・新作パンと満月ベーカリー紹介チラシ…5000部
- ■予算…………120万

③ 文字は左揃えに統一し
箇条書きですっきりと!

もっと編集力!

社内の企画書では、見た目のユニークさより
内容を明確に説明することが大事だ

新しいモノやコトを企画するときは誰でもワクワクします。かといって、
企画書をにぎやかに見せたり、熱意を過度に表現すると、肝心の内容が
薄く見えたり、相手との間に温度差が生じてしまうことも。シンプルな
見せ方でも企画内容を確実に伝えることがプレゼン成功への近道です。

業務改善の提案書

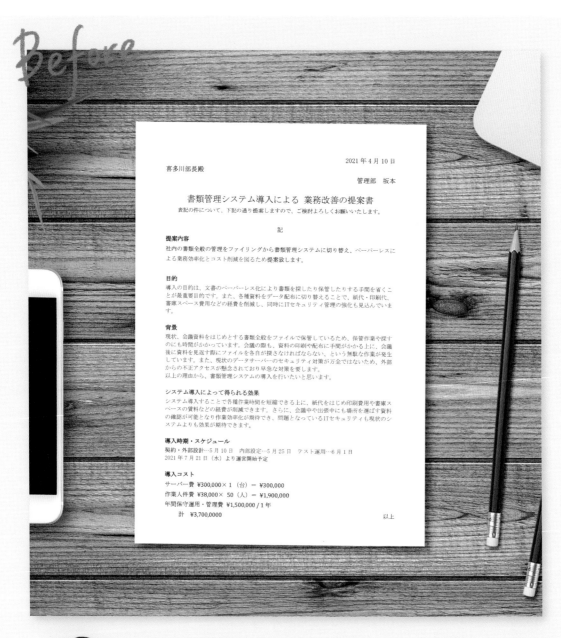

2021 年 4 月 10 日

喜多川部長殿

管理部　坂本

書類管理システム導入による 業務改善の提案書

表記の件について、下記の通り提案しますので、ご検討よろしくお願いいたします。

記

提案内容

社内の書類全般の管理をファイリングから書類管理システムに切り替え、ペーパーレスによる業務効率化とコスト削減を図るため提案致します。

目的

導入の目的は、文書のペーパーレス化により書類を探したり保管したりする手間を省くことが最重要目的です。また、各種資料をデータ配布に切り替えることで、紙代・印刷代、書庫スペース費用などの経費を削減し、同時にITセキュリティ管理の強化も見込んでいます。

背景

現状、会議資料をはじめとする書類全般をファイルで保管しているため、保管作業や探すのにも時間がかかっています。会議の際も、資料の印刷や配布に手間がかかる上に、会議後に資料を見返す際にファイルを各自が探さなければならない、という無駄な作業が発生しています。また、現状のデータサーバーのセキュリティ対策が万全ではないため、外部からの不正アクセスが懸念されており早急な対策を要します。
以上の理由から、書類管理システムの導入を行いたいと思います。

システム導入によって得られる効果

システム導入することで各種作業時間を短縮できる上に、紙代をはじめ印刷費用や書庫スペースの資料などの経費が削減できます。さらに、会議中や出張中にも場所を選ばず資料の確認が可能となり作業効率化が期待でき、問題となっているITセキュリティも現状のシステムよりも効果が期待できます。

導入時期・スケジュール

契約・外部設計…5 月 10 日　内部設定…5 月 25 日　テスト運用…6 月 1 日
2021 年 7 月 21 日（水）より運営開始予定

導入コスト

サーバー費 ¥300,000× 1（台）＝ ¥300,000
作業人件費 ¥38,000× 50（人）＝ ¥1,900,000
年間保守運用・管理費 ¥1,500,000 / 1 年
　　計　¥3,700,0000

以上

このたび、定例会議で業務改善の提案を
したいと思っています…！

POINT!!

提案書の役割は、現状の課題とそれに対する改善案、対策などを提示すること。
決裁者が短時間で理解できるよう、要点を簡潔かつ的確にまとめるのがポイント。

After

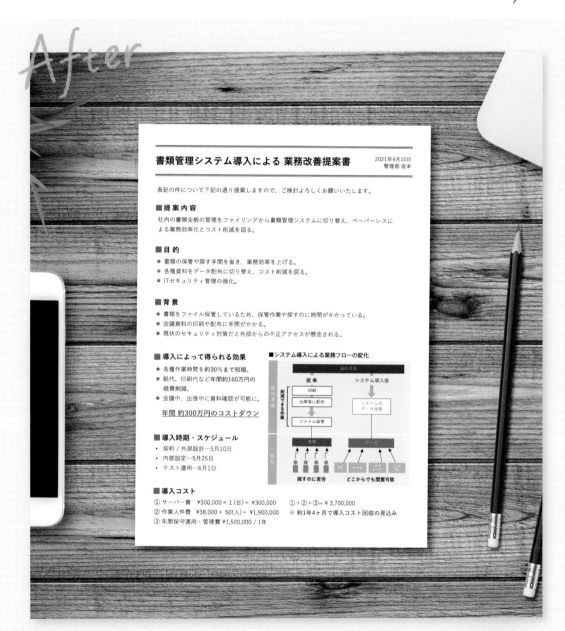

書類管理システム導入による 業務改善提案書

2021年4月10日
管理部 坂本

表記の件について下記の通り提案しますので、ご検討よろしくお願いいたします。

■提案内容
社内の書類全般の管理をファイリングから書類管理システムに切り替え、ペーパーレスによる業務効率化とコスト削減を図る。

■目的
- 書類の保管や探す手間を省き、業務効率を上げる。
- 各種資料をデータ配布に切り替え、コスト削減を図る。
- ITセキュリティ管理の強化。

■背景
- 書類をファイル保管しているため、保管作業や探すのに時間がかかっている。
- 会議資料の印刷や配布に手間がかかる。
- 現状のセキュリティ対策だと外部からの不正アクセスが懸念される。

■導入によって得られる効果
- 各種作業時間を約30%まで短縮。
- 紙代、印刷代など年間約160万円の経費削減。
- 会議中、出張中に資料確認が可能に。

年間 約300万円のコストダウン

■システム導入による業務フローの変化

従来	システム導入後
印刷	
出席者に配布	システム内データ保管
ファイル保管	

書類 → データ
探すのに苦労　どこからでも閲覧可能
PC / スマホ / タブレット / PC

■導入時期・スケジュール
- 契約 / 外部設計…5月10日
- 内部設定…5月25日
- テスト運用…6月1日

■導入コスト
① サーバー費　¥300,000 × 1（台）＝ ¥300,000
② 作業人件費　¥38,000 × 50（人）＝ ¥1,900,000
③ 年間保守運用・管理費 ¥1,500,000 / 1年

①＋②＋③＝ ¥ 3,700,000
※ 約1年4ヶ月で導入コスト回収の見込み

気概はいいぞ！ただもっと効果をわかりやすく見せないと
通るものも通らないぞ

文章が多く要領を得ない

2021 年 4 月 10 日

喜多川部長殿

管理部　坂本

書類管理システム導入による 業務改善の提案書

表記の件について、下記の通り提案しますので、ご検討よろしくお願いいたします。

記

提案内容

社内の書類全般の管理をファイリングから書類管理システムに切り替え、ペーパーレスによる業務効率化とコスト削減を図るため提案致します。

✓ **目的**

導入の目的は、文書のペーパーレス化により書類を探したり保管したりする手間を省くことが最重要目的です。また、各種資料をデータ配布に切り替えることで、紙代・印刷代、書庫スペース費用などの経費を削減し、同時にITセキュリティ管理の強化も見込んでいます。

✓ **背景**

現状、会議資料をはじめとする書類全般をファイルで保管しているため、保管作業や探すのにも時間がかかっています。会議の際も、資料の印刷や配布に手間がかかる上に、会議後に資料を見返す際にファイルを各自が探さなければならない、という無駄な作業が発生しています。また、現状のデータサーバーのセキュリティ対策が万全ではないため、外部からの不正アクセスが懸念されており早急な対策を要します。

以上の理由から、書類管理システムの導入を行いたいと思います。

✓ **システム導入によって得られる効果**

システム導入することで各種作業時間を短縮できる上に、紙代をはじめ印刷費用や書庫スペースの資料などの経費が削減できます。さらに、会議中や出張中にも場所を選ばず資料の確認が可能となり作業効率化が期待でき、問題となっているITセキュリティも現状のシステムよりも効果が期待できます。

導入時期・スケジュール

契約・外部設計…5 月 10 日　内部設定…5 月 25 日　テスト運用…6 月 1 日

2021 年 7 月 21 日（水）より運営開始予定

導入コスト

サーバー費 ¥300,000×1（台）＝ ¥300,000

作業人件費 ¥38,000× 50（人）＝ ¥1,900,000

年間保守運用・管理費 ¥1,500,000 / 1 年

　　　計　¥3,700,0000

以上

 ① 1項目の文章が多い

② 形式的なレイアウトになっている

③ 改善の仕組みがわからない

編集ポイント！

情報が視覚的に伝わる手法で編集する

① 文章が長いと要点がわからず、意図がはっきり伝わりません。箇条書きで端的に表現することで、作り手と読み手双方が正確に情報を共有できます。

② いかにもな形式文書だとせっかくの提案も埋もれてしまいます。タイトルを目立たせたり、重要な箇所に色をつけるとメリハリのあるレイアウトに。

＼ こだわり編集力！ ／

③ 複雑な流れや仕組みを説明するときは図解がおすすめです。文章では伝わりにくい部分が可視化されるので、読み手のイメージがより具体的に。

箇条書きと図解で要点がわかる

定型文書

社内広報

社内プレゼン資料

社外広報

販売促進

社外プレゼン資料

書類管理システム導入による 業務改善提案書

2021年4月10日
管理部 坂本

表記の件について下記の通り提案しますので、ご検討よろしくお願いいたします。

■ 提 案 内 容
社内の書類全般の管理をファイリングから書類管理システムに切り替え、ペーパーレスによる業務効率化とコスト削減を図る。

■ 目 的
● 書類の保管や探す手間を省き、業務効率を上げる。
● 各種資料をデータ配布に切り替え、コスト削減を図る。
● ITセキュリティ管理の強化。

■ 背 景
● 書類をファイル保管しているため、保管作業や探すのに時間がかかっている。
● 会議資料の印刷や配布に手間がかかる。
● 現状のセキュリティ対策だと外部からの不正アクセスが懸念される。

■ 導入によって得られる効果
● 各種作業時間を約30%まで短縮。
● 紙代、印刷代など年間約160万円の経費削減。
● 会議中、出張中に資料確認が可能に。

年間 約300万円のコストダウン

■ 導入時期・スケジュール
・ 契約 / 外部設計…5月10日
・ 内部設定…5月25日
・ テスト運用…6月1日

■ 導入コスト
① サーバー費　¥300,000× 1（台）= ¥300,000
② 作業人件費　¥38,000× 50（人）= ¥1,900,000
③ 年間保守運用・管理費 ¥1,500,000 / 1年

①＋②＋③= ¥ 3,700,000
※ 約1年4ヶ月で導入コスト回収の見込み

■ システム導入による業務フローの変化

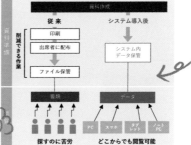

① 簡潔な箇条書き

② 形式にとらわれないメリハリあるレイアウト

こだわり編集力！

③ 図解で仕組みがわかる

できたらbest！

もっと編集力！

実施後の効果や費用について
具体的に説明することが承認のポイント！

費用対効果は決裁者の判断材料として最も重要な部分です。提案内容にかかるコストや、改善効果についてはできるだけしっかり検証して、「20%コストダウン」や「年間100万円削減」など、具体的な数字で示しましょう。コスト回収できる時期まで明示できればベストです。

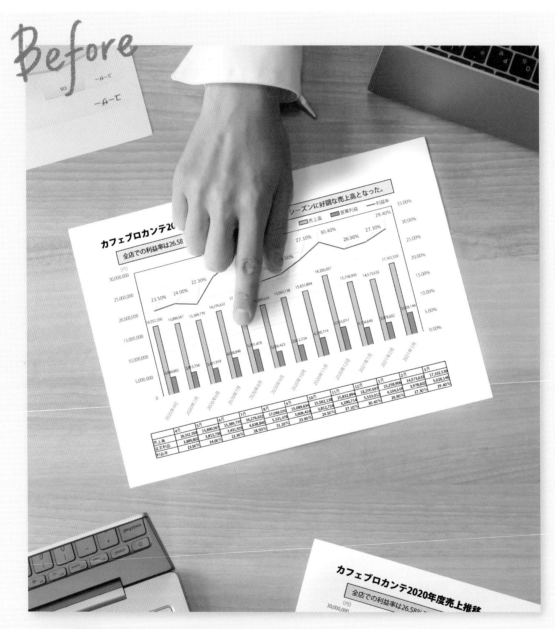

昨年度の売上報告です！
僕こんなに複雑なグラフを作るの初めてですよ！

定型文書

社内広報

社内プレゼン資料

社外広報

販売促進

社外プレゼン資料

売上報告は結果を分析し、それを共有することで課題が明確になり次のアクションを起こせるようになる。ただ数字を報告するだけの資料にならないよう注意。

こらこら、売上を報告して終わりじゃないぞ！
来年度の課題や対策まで見据えて資料を作るんだ

数字を並べただけの結果報告

① 無駄な情報が多い

② グラフから読み取れる
差し障りのないことは書かない

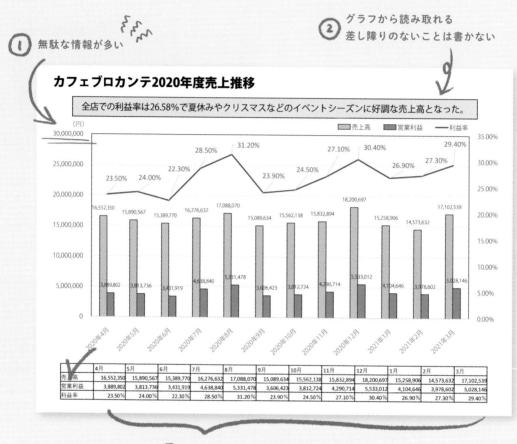

カフェブロカンテ2020年度売上推移

全店での利益率は26.58%で夏休みやクリスマスなどのイベントシーズンに好調な売上高となった。

	4月	5月	6月	7月	8月	9月	10月	11月	12月	1月	2月	3月
売上高	16,552,350	15,890,567	15,389,770	16,276,632	17,088,070	15,089,634	15,562,138	15,832,894	18,200,697	15,258,906	14,573,632	17,102,539
営業利益	3,889,802	3,813,736	3,431,919	4,638,840	5,331,478	3,606,423	3,812,724	4,290,714	5,533,012	4,104,646	3,978,602	5,028,146
利益率	23.50%	24.00%	22.30%	28.50%	31.20%	23.90%	24.50%	27.10%	30.40%	26.90%	27.30%	29.40%

③ 細かい数字が入った表はここでは不要

編集ポイント！

複合グラフは徹底的に整理して関連性をクリアに

① グラフはできる限り無駄を省き、一目でわかるようにしましょう。数字の桁数、目盛、引き出し線が多いのもNG。多色使いも理解の妨げに。

＼ とりわけ編集力！ ／

② 補足説明にグラフから読み取れることを書く必要はありません。かわりに変動要因や今後の対策などを明記すると、次の行動に活かすきっかけに。

③ グラフ自体が傾向を読むためのものなので、細かい数字が入った表は不要です。数値はグラフのポイントとなる箇所にのみ入れましょう。

定型文書

社内広報

社内プレゼン資料

社外広報

販売促進

社外プレゼン資料

After

傾向と対策が見える資料

① 要素は少なくすっきりと ✨

とりわけ
編集力！

② 変化が大きい箇所は
要因を解説

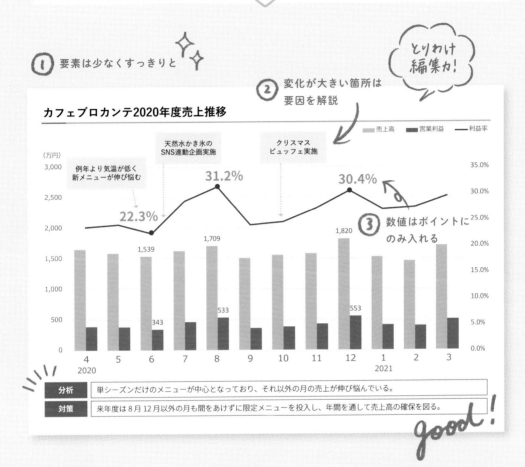

カフェブロカンテ2020年度売上推移

▨ 売上高　▨ 営業利益　― 利益率

（万円）

天然水かき氷の
SNS連動企画実施

クリスマス
ビュッフェ実施

例年より気温が低く
新メニューが伸び悩む

31.2%

30.4%

22.3%

③ 数値はポイントに
のみ入れる

1,539

1,709

1,820

343

533

553

分析	単シーズンだけのメニューが中心となっており、それ以外の月の売上が伸び悩んでいる。
対策	来年度は8月12月以外の月も間をあけずに限定メニューを投入し、年間を通して売上高の確保を図る。

good!

もっと編集力！

Before

じっくり読みこむ複合グラフはスライドや
社外向けの資料には不向きだ

After

複数の要素の比較や分析を目的とした複合グラフは、見た目が複雑なため、社内外問わず短時間で見るプレゼンスライドでは歓迎されません。そのような場では、一番強調したい部分だけを切り取った資料に作り直して発表しましょう。

業績報告のグラフ資料

Before

【2020年度】シニア向け スマートフォン上半期契約数

右肩上がりで契約数増加

1月から今月まで営業めっちゃ頑張りましたよ！
この実績を見てください！

定型文書

社内広報

社内プレゼン資料

社外広報

販売促進

社外プレゼン資料

After

【2020年度】シニア向け スマートフォン上半期契約数

目標
350

320　300　330　370　390　420万件

1月　2月　3月　4月　5月　6月

6月
目標達成率
120%

アピール力が足りないな〜
もっと見てほしい部分を強調しないと！

情報量が多く成果が伝わらない

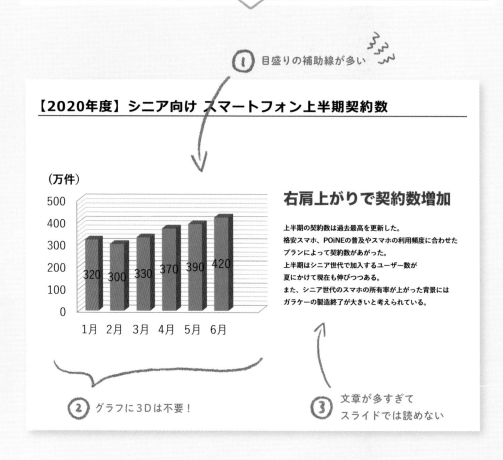

① 目盛りの補助線が多い

【2020年度】シニア向け スマートフォン上半期契約数

（万件）

右肩上がりで契約数増加

上半期の契約数は過去最高を更新した。
格安スマホ、POiNEの普及やスマホの利用頻度に合わせた
プランによって契約数があがった。
上半期はシニア世代で加入するユーザー数が
夏にかけて現在も伸びつつある。
また、シニア世代のスマホの所有率が上がった背景には
ガラケーの製造終了が大きいと考えられている。

② グラフに３Ｄは不要！

③ 文章が多すぎて
スライドでは読めない

編集ポイント！

余計な要素をなくし成果を強調する

① 補助線と縦軸は、なくてもデータを理解できるので取り除く方がすっきりします。また、上向きの矢印を入れることで、右肩上がりを強調できます。

② 立体的なグラフは複雑に見えて情報が伝わりにくくなります。平面グラフにして強調したい棒だけ色を変え、できるだけシンプルに見せます。

＼ これこそ編集力！ ／

③ 目標値や達成率など、成果がわかる数字を入れるとさらに説得力が増します。グラフ以外の説明は最も伝えたいことのみ１メッセージで。

成果にフォーカスしたシンプルな見せ方に

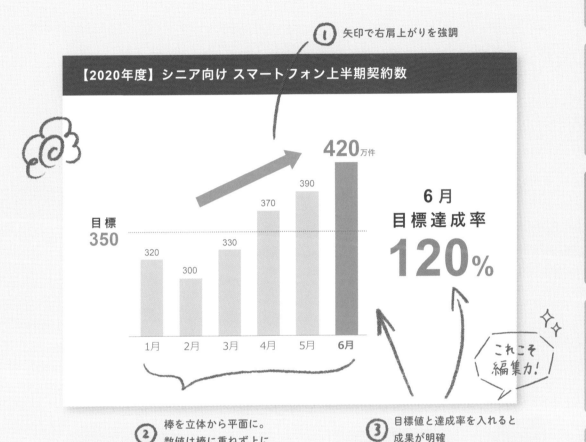

① 矢印で右肩上がりを強調

【2020年度】シニア向け スマートフォン上半期契約数

420万件

390

370

330

320

300

目標
350

1月 2月 3月 4月 5月 6月

6月
目標達成率
120%

これこそ
編集力!

② 棒を立体から平面に。
数値は棒に重ねず上に

③ 目標値と達成率を入れると
成果が明確

もっと編集力!

Before

34人 36人 38人

After

34人 36人 38人

仕事の成果や実績を報告する場は意外と多い。
自信がある数字はしっかり強調して報告しよう!

せっかく実績報告の資料を作っても、成果が一目瞭然でなければ
あなたの頑張りは相手に伝わりません。グラフをただ作るだけでなく、
資料を通して一番伝えたい部分は色や文字の大きさで強調しましょう。
好業績に見せるのもプレゼンテクニックのひとつです。

定型文書
社内広報
社内プレゼン資料
社外広報
販売促進
社外プレゼン資料

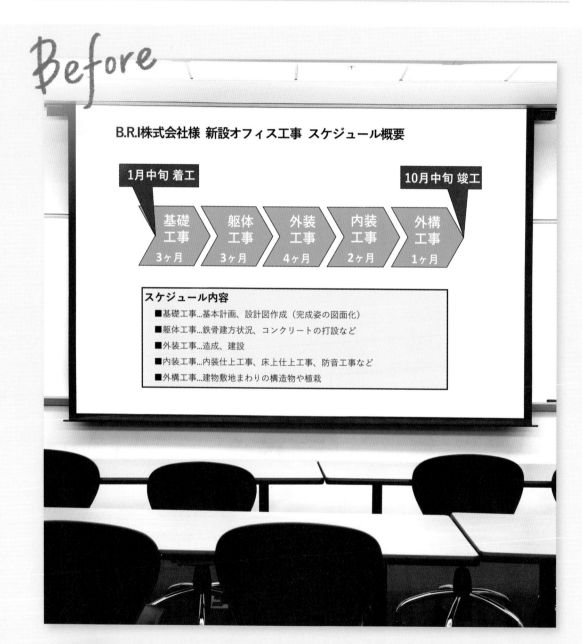

見やすく、大きくまとめてみました！
こんな感じで計画してます！

スケジュールをプレゼンするときのゴールは、「実現しそうだ」と思わせること。
大まかすぎず、重要なポイントを押さえた表でスケジュール感を把握してもらおう。

After

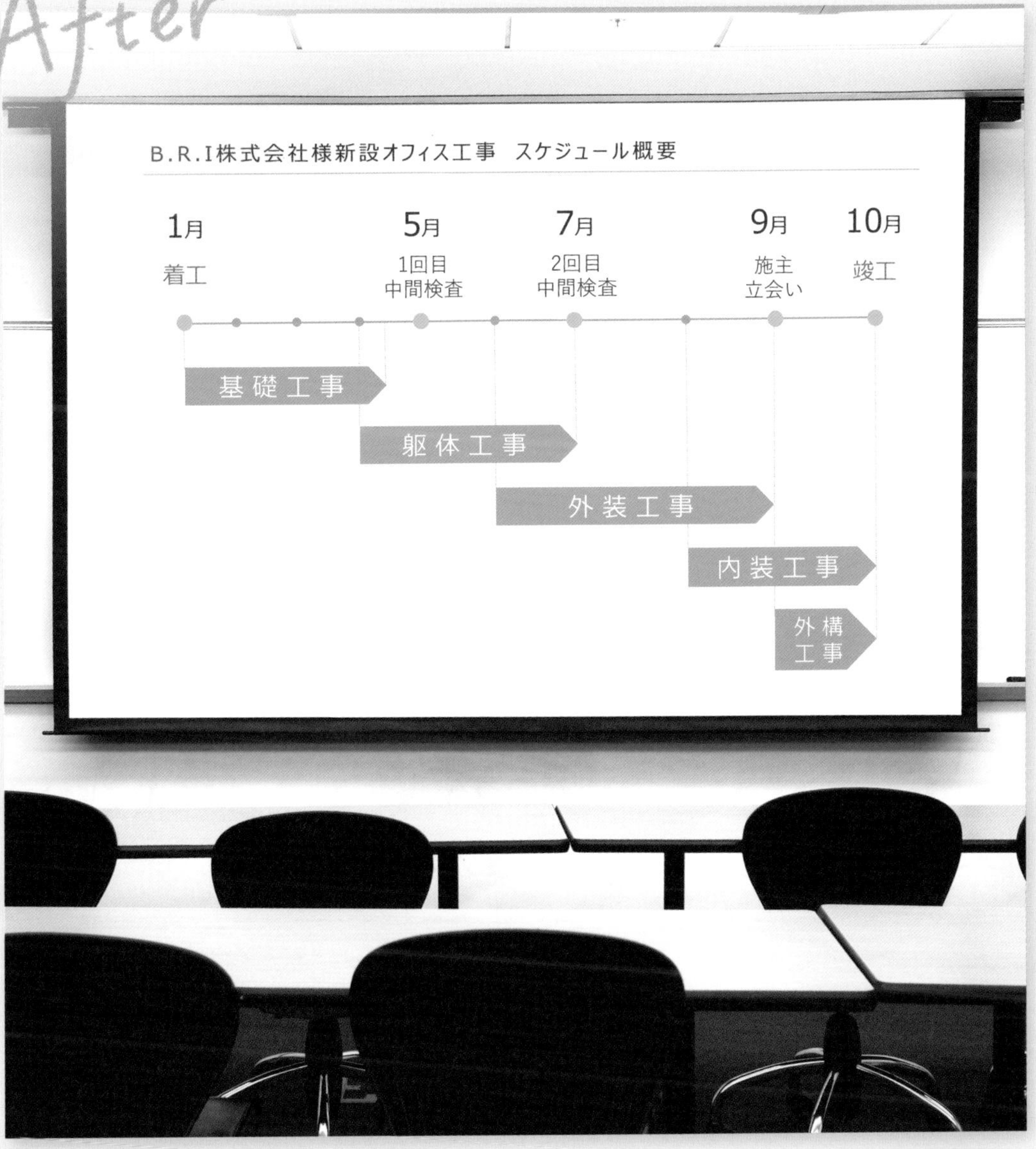

B.R.I株式会社様新設オフィス工事　スケジュール概要

1月	5月	7月	9月	10月
着工	1回目 中間検査	2回目 中間検査	施主 立会い	竣工

基礎工事

躯体工事

外装工事

内装工事

外構工事

そりゃちょっとアバウトすぎないか？
工程の重複もちゃんと表さないとイメージが湧かないぞ？

ざっくりすぎて実現性を感じられない

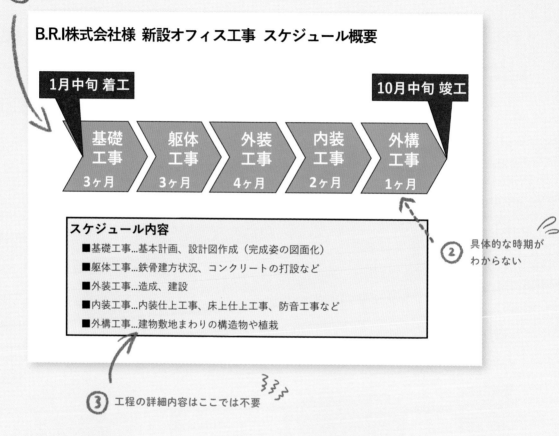

① 横並びの大まかなスケジュール

B.R.I株式会社様 新設オフィス工事 スケジュール概要

1月中旬 着工

10月中旬 竣工

| 基礎工事 3ヶ月 | 躯体工事 3ヶ月 | 外装工事 4ヶ月 | 内装工事 2ヶ月 | 外構工事 1ヶ月 |

スケジュール内容
- ■基礎工事...基本計画、設計図作成（完成姿の図面化）
- ■躯体工事...鉄骨建方状況、コンクリートの打設など
- ■外装工事...造成、建設
- ■内装工事...内装仕上工事、床上仕上工事、防音工事など
- ■外構工事...建物敷地まわりの構造物や植栽

② 具体的な時期がわからない

③ 工程の詳細内容はここでは不要

編集ポイント！

スケジュールの全体像がわかるガントチャートに

＼こだわり編集力！／

① 横並びのフローチャートよりも工程の重なりが見えるガントチャートがおすすめ。プレゼンで報告する工程数は、4～5つがベスト。

② 日程は必要期間ではなく、計画の年月を記載する方が具体的です。各工程の必要期間は矢印の長さで表現することができます。

③ 基幹となる計画に基づいたマイルストーンを標記することで、それを前提として詳細を詰めた計画であることが伝わります。

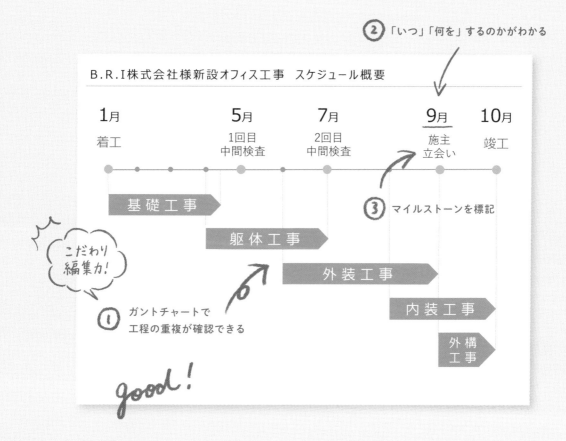

定型文書

社内広報

社内プレゼン資料

社外広報

販売促進

社外プレゼン資料

After

完成までのプロセスがイメージできる

② 「いつ」「何を」するのかがわかる

B.R.I株式会社様新設オフィス工事　スケジュール概要

1月	5月	7月	9月	10月
着工	1回目中間検査	2回目中間検査	施主立会い	竣工

基礎工事

躯体工事

外装工事

③ マイルストーンを標記

内装工事

外構工事

こだわり編集力！

① ガントチャートで工程の重複が確認できる

good!

もっと編集力！

プレゼン用のスケジュール概要はあくまでも しっかり計画を立ててから

報告資料はこのように大きな流れがわかるスケジュールで十分ですが、しっかり計画を立てないままざっくりとした予定を報告しても実現性がなく感じられてしまいます。まずは詳細な日程まで詰めたスケジュールを元にプレゼン用の資料を作りましょう。

もっと！ デザインにこだわるなら 社内資料編

　社内資料は「シンプルにわかりやすく」が鉄則ですが、広報物やプレゼン資料はひと工夫を加えることで、読み手のモチベーションアップや、内容の理解を深めることに一層の効果が見込めます。これまでのテーマを例に、ブラッシュアップするための編集ポイントを紹介します。

社内で使う資料にデザインって要りますか？
なんか難しそうだし…

ここで紹介するのはすべてPowerPointで
できるテクニックだ！
より効果的な資料になるぞ！

---

case 01

もっと興味を持って読んでもらうには？

切り抜き写真やパーソナルな情報で社員の個性をアピールしましょう。

フチ取り文字で
タイトルにも
ひと工夫

1　2　3

写真の後ろに
影をつける
のがコツ！

編集ポイント！

1 切り抜いた人物写真で動きのある生き生きとした印象に。PowerPointにも写真を切り抜く機能があります。

2 趣味・特技やコメントなど、個性が伝わる情報を入れると、より関心を持って読んでもらえるでしょう。

3 吹き出しを入れるとさらに親近感を演出できます。色々な形の吹き出しを入れてもにぎやかで楽しい！

社内報の新入社員紹介ページ［P052-055］

case 02

1 家族でワクワク楽しむ1日！

2021
10/23 土
10:00~17:00

ヤトミファクトリー
ファミリーデー！

ご家族に楽しみながらヤトミファクトリーでのみなさんのお仕事を体験して感じても
らえる1日です！会社を知れば、もっと家族が仲良くなる♪
ぜひこの機会にご家族おそろいでファミリーデーにお越しください！

| 10:00~ 社長からご挨拶 | 11:00~ ファクトリー見学ツアー | 13:30~ 木工ワークショップ |
| 参加者みんなで自己紹介 | お外でBBQ懇親会！ | |

お申込みについて
8/27 金 まで

当日について
ヤトミファクトリー本社

影をつけると
文字が際立つ

good!

2

3

デフォルトの
図形も活用！

もっとワクワク感を出したい！

曲線を使って好奇心を刺
激しましょう！

編集ポイント！

1 文字を曲線やアーチ状に並べる
と、リズムが生まれて楽しそう
な雰囲気に。キャッチコピーや
タイトルにおすすめ。

2 PowerPointではこのように、
不定形での写真の切り抜きも可
能です。ふにゃふにゃの形で親
近感アップ！

3 リボンはPowerPointでも簡単
に作れる図形。楽しい雰囲気が
手軽に演出できるので、イベン
トの広報物にはぴったりです。

---

case 03

工程の流れと時期をもっと意識させたい！

異なる背景色を交互に並べることで、視線を左から右に誘導しましょう。

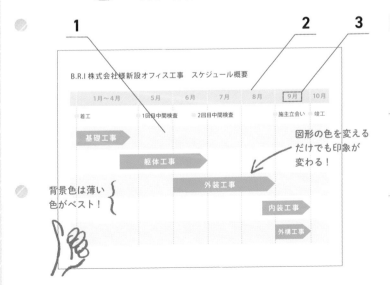

1

2

3

B.R.I 株式会社様新設オフィス工事　スケジュール概要

| 1月~4月 | 5月 | 6月 | 7月 | 8月 | 9月 | 10月 |

着工　　1回目中間検査　　2回目中間検査　　施主立会い　竣工

基礎工事

躯体工事

外装工事

内装工事

外構工事

図形の色を変える
だけでも印象が
変わる！

背景色は薄い
色がベスト！

編集ポイント！

1 背景色を交互にすると
行がより見やすくなり
ます。横の流れが強調さ
れ、時間軸への意識
も高まります。

2 1ヶ月ごとにマスにして
点線で区切ることで、工
程の始まりとそれに
かかる期間を把握しや
すくなります。

3 矢印を目立たせるため
に、矢印以外の文字や
色は控えめに。月はマ
スになっているので小
さくても把握できます。

グラフの種類

ビジネス資料においてよく使うグラフ。内訳は円グラフで、比較は棒グラフでいいでしょ？ と思っている人も少なくありません。しかし、どれだけ素晴らしい内容でも、グラフの使い分けを間違えると、伝えたい内容も正しく伝わらず、せっかくのグラフの効果が半減してしまいます。

💡 グラフの種類から学ぶ編集力！

グラフって、折れ線とか棒とか円とか…
それくらいしかないんじゃないんですか？

たしかに、基本的にはその3つをよく見かけるが
じゃあ折れ線はどういうときに使う？

折れ線…線なので、
すっきり見せたいときに使う…とかですか？

なんだそりゃ。ここで特徴をしっかり覚えて
目的に合ったグラフ選びができるようになりなさい

「何を伝えたいか」で、どのグラフを選ぶかが変わります。グラフの効果を最大限活かせるよう、グラフ作成の編集力を身につけ、最適なグラフが瞬時に作れるようになりましょう！

> **編集ポイント！**

- 時間をかけず ・・・・・・・・・・・・ 良いグラフの見せ方を真似する
- 読み手の負担も少なく ・・・・・・・ 配色、凡例の位置や罫線の色
- 理解しやすく ・・・・・・・・・・・・・ 最適なグラフの選択
- 要点が伝わる ・・・・・・・・・・・・ 強弱 など

① 特徴

ビジネスシーンでよく使うのは円グラフと棒グラフ、そして折れ線グラフです。また、棒グラフには積み上げ棒グラフや、帯グラフ、横棒グラフなどさまざまな種類があります。ここではよく見かける6種類のグラフの特徴をまとめました。

グラフ		特徴
	棒グラフ	数値の大小を比較したい
	折れ線グラフ	増減の推移を表したい
	円グラフ	構成比を表したい
	帯グラフ	構成比を比較したい
	積み上げ棒グラフ	数値の比較に加え内訳も表したい
	散布図	2項目の相関関係を示したい

② 使い分け

　まずは一番よく使う棒グラフと折れ線グラフを使って、架空のお題をもとに「伝えたい内容がより正しく伝わる」グラフはどちらか比較してみましょう。

お題　**登録ユーザー数の推移**

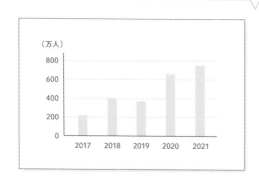
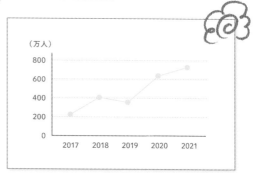

　どちらのグラフを使っても間違いではありませんが、折れ線グラフの方が「2019年に一度登録者数が減ってそこから回復した」ことがより伝わります。

お題　**部門別売上高の比較**

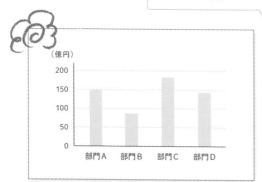
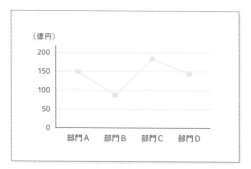

　例えば、「部門Dが部門Aの売上にわずかに届かなかった」ことを表すのが目的だとすれば、折れ線グラフでは伝えづらいことがわかると思います。つまり、使い分けで困った際は「比較をするなら棒グラフ、変化や推移を見せたいなら折れ線グラフ」と覚えると良いでしょう。

次は積み上げ棒グラフを見てみましょう。これは項目ごとの全体に対する割合と、全体の合計値を比較する際に適したグラフですが、縦向きと横向きどちらも同じ見え方でしょうか？

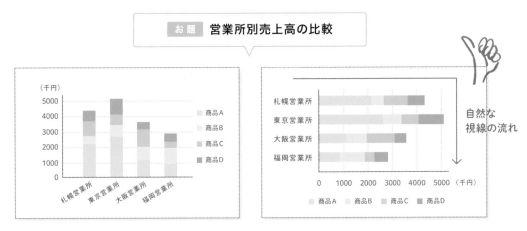

お題　営業所別売上高の比較

自然な視線の流れ

上のグラフの場合、左のグラフは「東京営業所」などの項目名が斜めで読みにくく、また、あちこちに項目や凡例があるため視線が泳いでしまいます。横向きグラフは左から右下へと自然な視線の流れで、読み手にとって親切なグラフと言えるでしょう。

一方で、1月、2月、3月…のように時系列で比較したい場合は、左から右へ読み進めるのが自然なため、縦向きの方が適しています。「何を言いたいグラフか」で使い分けを考えると良いでしょう。

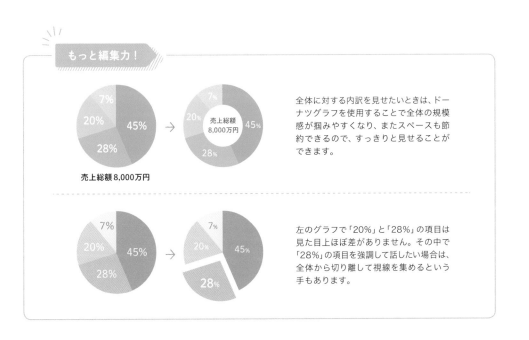

もっと編集力！

全体に対する内訳を見せたいときは、ドーナツグラフを使用することで全体の規模感が掴みやすくなり、またスペースも節約できるので、すっきりと見せることができます。

左のグラフで「20%」と「28%」の項目は見た目上ほぼ差がありません。その中で「28%」の項目を強調して話したい場合は、全体から切り離して視線を集めるという手もあります。

社外資料

社外広報

1. 社外向け広報誌
2. 新卒採用パンフレット
3. CSRレポート
4. 名刺
5. イベント開催のプレスリリース
6. SNSを使った地方自治体のブランディング

販売促進
社外プレゼン資料

社外広報の目的とは

　社外広報とは、ざっくり言うと社会との関係性づくり。その目的は、企業の製品やサービスを正しく知ってもらい、ファンを増やし、売上につなげることです。「社外広報」と聞くとIRや採用活動など財務的な効果を期待した内容を想像するかもしれませんが、メディアへのリリースやSNSで認知度を上げることはもちろん、名刺ひとつとっても立派な広報活動と言えるでしょう。社内広報と同様、一方的な発信にならないよう、SNSのいいねの数などKPIを設定してリアクションを確認しながら改善を図るのも大切ですね。

最近は企業もいろんな媒体やSNSを使って
情報発信してますよね

直接的なお客さまだけじゃなくて
一般社会からの信頼度もとても重要だからな

01 社外向け広報誌

Before

広報誌、たくさんの人に読んでもらいたいですね！
今回のプレゼントは奮発しているんですよ！

定型文書
社内広報
社内プレゼン資料
社外広報
販売促進
社外プレゼン資料

POINT!!

広報誌は企業と読者とのコミュニケーションツールのひとつ。
一方的な情報発信だけでなく、読者の興味があることに焦点を当てた記事にしよう。

After

だったらもっとバーンと大きく載せないとな！
読者が楽しく読める工夫を考えよう！

一方的な情報発信になっている

① コーナー名が
響かない

読者の声

今月のテーマ 「夏バテ予防に食べたいモノ」

フルーツヨーグルトが夏バテ対策におすすめと以前テレビでやっていたので、夏になると毎朝子どもたちに食べさせています。あまり食欲がなくても、キウイやバナナを混ぜたヨーグルトは食べてくれます。夜はオクラを使った料理や豚肉料理をたくさん作って今年も暑い夏を乗り切りたいと思います!(さやみなママ・30代女性)

子どもの頃からずっとレバーが苦手でしたが、この間、会社の付き合いでネギレバーの串焼きを食べてみたら、ふわふわで臭い後味もなく、感動しました。今までずっと避けてきたことを後悔しました…。レバーは夏バテ予防にも良いので、この夏は定期的に食べたいと思っています。(しろやん・40代男性)

やっぱり夏はカレー!!特にあくた駅前のカレー屋「カレーリバー」のラムキーマカレーは絶品。口の中に次々といろいろな味が広がる奥が深いスパイス使いで、やみつきになる美味しさ。特に夏は毎週通っています。一度食べたら忘れられないくらい本当に美味しい!(豆の助・60代男性)

家族みんなビリ辛料理が好きなので、夏はビリ辛料理をよく作ります。特にきゅうりとキムチを混ぜ、ごま油で和える簡単おつまみが私も主人も大好きで、よく作って食べています。ビールにぴったりで、とても美味しいのでおすすめです!(イルカ・40代女性)

② 内容が淡白に
見える

投稿募集 9月のテーマ「〇〇の秋」

読書の秋、食欲の秋、スポーツの秋…あなたは今年の秋、どう過ごしますか?秋といえばこれ!と思いくもの、今秋チャレンジしたいこと等、どしどしご応募ください!

クイズ&アンケート

■問題 この文字列は何を表しているでしょうか?

| あ3 | ま1 | な5 | あ2 | あ4 |

A:夏休み
B:海の家
C:かき氷

ヒント
五十音図を
思い浮かべてみて!

6月号の答えは B:そうめん でした!
応募数:793人

■アンケート
①今月号で関心を持った内容や写真を教えてください。
②取り上げてほしい内容があれば教えてください。
③Hinataを手に取った場所(店舗・地下鉄駅・その他)。
④Hinataに関してのご意見・ご要望をお聞かせください。

投稿・クイズ応募方法

①郵便番号・住所 ②電話番号 ③お名前 ④組合員コード ⑤年齢 ⑥クイズの答え ⑦アンケートの答え ⑧9月のおたより投稿・ペンネーム
を書いて、下記の方法でご応募ください。

■ハガキでのご応募
〒569-0123 大阪府大阪市南区井原町5-10
あくたがわ生協 生活文化局

■ホームページからのご応募
http://www.akutagawa.coop/hinata/ から
または「Hinata プレゼント」で検索

■スマートフォンからのご応募
こちらから
応募フォームへ
アクセスできます

ご応募いただいた中からクイズ正解者(抽選で6名様)とおたより掲載の方4名様の合計10名様に夏野菜の詰め合わせプレゼント!
※荷送遅延等の影響により変更となる場合があります。

7/21(水)締切
当日消印有効
当選発表は8月中旬

※当選発表はホームページで確認していただくか、プレゼントの発送をもってかえさせていただきます。※いただいた個人情報は、抽選・発送のみに使用させていただきます。その他の目的には使用いたしません。

編集後記

この春から編集委員に加わりました、吉高です。今月号は表紙の撮影にも参加させていただきました!今回は向井修さんオリジナルレシピの豆腐チーズケーキ。とてもお洒落でかわいいですよね!スタッフとおいしく試食をさせていただきました♪来月号はどんな表紙か、みなさんお楽しみに!(編集委員:吉高優里香)

Hinata 7月号 vol.158 2021年
次号8月号は7月27日発行

発行/あくたがわ生活協同組合
企画編集/あくたがわ生協 生活文化局

発行日/2021年6月25日
TEL/ 06-0123-4567

③ 全体的に暗くて
面白くなさそう

編集ポイント!

読者が読みたい! 参加したい! と思える内容に

\これこそ編集力!/

① タイトルやコーナー名は、読者が読みたくなるようなものを考えましょう。読者との双方向性を持たせると、より身近に感じられる誌面に。

② 読者が応募したいと思えるように、クイズやプレゼントの内容は大きく魅力的に見せましょう。生産地やこだわりを紹介するのも有効です。

③ 読者はパーソナルな情報に興味を持ちます。スタッフやプレゼント提供者など、人の写真やコメントを掲載すると目を引く要素になります。

After 読者とコミュニケーションがとれる

これこそ編集力！

① 読者目線の読みたくなるコーナー名

② プレゼントは大きく載せて魅力的に見せる

③ 人の写真を使って読者の興味を引く

 もっと編集力！

クイズやアンケートを有効活用して読者の生の声を集めよう

アンケートは読者の声を聞く貴重なチャンスです。アンケートの結果を今後の誌面作りに反映することで、コミュニケーション活性化のサイクルができ、より読者の共感が得られるようになります。できるだけ答えやすい記入方法や応募方法を心がけ、回答率アップにつなげましょう。

定型文書／社内広報／社内プレゼン資料／社外広報／販売促進／社外プレゼン資料

Before

たくさんの笑顔
それが介護の楽しさです。

●わたしたちの理念と想い

私たち芥川ひなたホームは、笑顔で優しさ
と思いやりを持ってご入居者さまとふれあ
うことをモットーにしています。
そのために最も必要なことは、ふれあいを
支える「人」を大切にすること。
ご入居者さまはもちろんのこと、働く職員
の皆さまにも優しく思いやりを持って接す
ることを心がけ、職員の皆さまが働きやす
い職場づくりを目指しています。
福祉の仕事を通じて成長したい方、人と接
することが好きな方、ひなたホームで私た
ちと一緒に働いてみませんか？

●先輩職員よりメッセージ

私は現在、介護が必要なご入居者
さまの食事介助、入浴介助など日常
生活のサポートを中心に行っていま
す。ご入居者さまの「ありがとう」
の言葉や笑顔にやりがいを感じてい
ます。
介護はきついイメージがあるかも
しれませんが、実際はとてもやりが
いがあるので、前向きに介護の世界
に入ってきてほしいと思います。
ひなたホームは職員同士もとても仲
良しで、困ったときには助け合える、
楽しくて雰囲気の良い職場です。ぜ
ひ私たちと一緒に働きましょう！

北河恵子
2015年入職
さくらユニット 介護職

●職場のようす〜働きやすい職場です〜

ひなたホーム

培ってきた経験ゆえの工夫や職員
の声を取り入れた施設づくりがな
されています。

昨年の入社式

毎年5名ほどの新入社員が入社して
います。入社式の後は新入社員歓
迎会が行われます。

職員交流パーティー

年に1度、職員交流のパーティーを
開催し、職員同士の親睦を深めて
います。

忘年会

1年間の感謝を込めた忘年会。施設
長の挨拶のようすです。

丸っこいフォントを使って親しみやすく仕上げましたよ！
職場のイベントなどもアピールしました！

After

笑顔と優しさと思いやりの福祉

私たち芥川ひなたホームは、笑顔で優しさと思いやりを持ってご入居者さまとふれあうことをモットーにしています。福祉の仕事を通じて成長したい方、人と接するのが好きな方、ひなたホームで私たちと一緒に働いてみませんか。

働きやすい職場のために

常に職場環境の向上改善を心がけ、職員の皆さまが働きやすい職場づくりを目指し、ワークライフバランスを念頭に置いて、福利厚生の充実を図っています。

年間休日120日以上
職員の休日は年間120日以上。それに加え、年次有給休暇やその他休暇が取得でき、年1回、5日以上の連続休暇も取得可能です。

資格取得報奨金制度
職務に必要とされる資格を取得した職員には報奨金が支給されます。研修制度も整っており、キャリアアップが目指せます。

子育て支援助成金
扶養手当の他に、出生時や入学時など、子どもの育成に合わせて助成金が支給されます。また、職員の産休・育休取得率は95%以上です。

先輩職員にインタビュー

北河 恵子
2015年入職
さくらユニット 介護職

Q. 仕事内容・やりがいは？
A. 介護が必要なご入居者さまの食事介助、入浴介助など日常生活のサポートを中心に行っています。ご入居者さまの「ありがとう」の言葉や笑顔にやりがいを感じています。

Q. この会社を選んだ理由は？
A. 芥川福祉施設は児童・高齢者・障がい者とそれぞれの分野の施設を運営しているので、幅広い支援が身近なものになると思い就職を決めました。

Q. 入職を考えられている方へメッセージ
A. 私も気になる職場には積極的に連絡を取り、見学に行かせていただきました。今の職場もそのひとつです。HPや就職フェアなどでは感じ取ることのできない職場の雰囲気を知ることができるので、気になるところへぜひ足を運んでみてください。

1日のスケジュール例

9:00	**出勤・申し送り** 夜間・前日までのご入居者さまの様子や食事量などを確認し、業務開始。
10:00	**清掃・洗濯** 毎日気持ちよく過ごしていただけるよう、日常生活のフォローを行います。
11:30	**昼食準備・食事介助** 食事盛員やお茶を準備し、お薬の管理や食事を介助します。
13:00	**休憩** 栄養士が管理した、栄養バランスの整った昼食を同席します。
14:00	**レクリエーション** 体操や風船バレー、簡単なクイズなど、身体や頭の運動を一緒に行います。
15:30	**カンファレンス** ケアマネージャーらと、ご入居者さま一人ひとりの支援態勢を考えます。
16:30	**リハビリ介助・ケア記録** ご入居者さまのリハビリをお手伝いし、その日の様子や実施したこと等を記録します。
18:00	**申し送り・退勤** 引き継ぎ事項を遅番者に申し送り、業務終了。今日も1日お疲れさまでした！

採用の熱意が伝わってこない

① 会社や組織に関係のない
イメージ写真

NG!

② 先輩からの
応援メッセージは本当に必要か？？

たくさんの笑顔
それが介護の楽しさです。

● 先輩職員よりメッセージ

北河恵子
2015年入職
さくらユニット 介護職

私は現在、介護が必要なご入居者さまの食事介助、入浴介助など日常生活のサポートを中心に行っています。ご入居者さまの「ありがとう」の言葉や笑顔にやりがいを感じています。
介護はきついイメージがあるかもしれませんが、実際はとてもやりがいがあるので、前向きに介護の世界に入ってきてほしいなと思います。ひなたホームは職員同士もとても仲良しで、困ったときには助け合える、楽しくて雰囲気の良い職場です。ぜひ私たちと一緒に働きましょう！

● わたしたちの理念と想い

私たち芥川ひなたホームは、笑顔で優しさと思いやりを持ってご入居者さまとふれあうことをモットーにしています。
そのために最も必要なことは、ふれあいを支える「人」を大切にすること。
ご入居者さまはもちろんのこと、働く職員の皆さまにも優しく思いやりを持って接することを心がけ、職員の皆さまが働きやすい職場づくりを目指しています。
福祉の仕事を通じて成長したい方、人と接することが好きな方、ひなたホームで私たちと一緒に働いてみませんか？

● 職場のようす～働きやすい職場です～

ひなたホーム
培ってきた経験ゆえの工夫や職員の声を取り入れた施設づくりがなされています。

昨年の入社式
毎年5名ほどの新入社員が入社しています。入社式の後は新入社員歓迎会が行われます。

職員交流パーティー
年に1度、職員交流のパーティーを開催し、職員同士の親睦を深めています。

忘年会
1年間の感謝を込めた忘年会。施設長の挨拶のようすです。

③ 働く様子が想像しにくい
写真と内容

編集ポイント！

紙だからこそ会社の温度をどう伝えられるか考える

＼ とりわけ編集力！ ／

① 青空や森などのイメージ写真ではなく自社の写真を使うことで、社内や組織の雰囲気が紙面から伝わり、入社後の自分を想像しやすくなります。

② 先輩からの応援メッセージもいいですが、学生の疑問や不安を解消できるような内容のほうがベター。Q&A形式にするとよりわかりやすいでしょう。

③ 紙面の内容は学生が知りたいと思う内容になっていますか？ 1日のスケジュール例を載せると、学生が実際の働き方をイメージできて◎

定型文書

社内広報

社内プレゼン資料

社外広報

社外広報

販売促進

社外プレゼン資料

After

学生の不安や期待を捉えられている

とりわけ編集力！

① 自社の写真で会社の雰囲気が伝わる

② インタビュー形式にして学生の不安を払拭！！

笑顔と優しさと思いやりの福祉

私たち芥川ひなたホームは、笑顔で優しさと思いやりを持ってご入居者さまとふれあうことをモットーにしています。福祉の仕事を通じて成長したい方、人と接するのが好きな方、ひなたホームで私たちと一緒に働いてみませんか。

■先輩職員にインタビュー

Q. 仕事内容・やりがいは？
A. 介護が必要なご入居者さまの食事介助、入浴介助など日常生活のサポートを中心に行っています。ご入居者さまの「ありがとう」の言葉や笑顔にやりがいを感じています。

Q. この会社を選んだ理由は？
A. 芥川福祉施設は児童・高齢者・障がい者とそれぞれの分野の施設を運営しているので、幅広い支援が身近なものになると就職を決めました。

Q. 入職を考えられている方へメッセージ
A. 私は気になる職場には積極的に連絡を取り、見学に行かせていただきました。今の職場もそのひとつです。HPや就職フェアなどでは感じ取ることのできない職場の雰囲気を知ることができるので、気になるところへはぜひ足を運んでみてください。

北河 恵子
2015年入職
さくらユニット 介護職

働きやすい職場のために

常に職場環境の向上改善を心がけ、職員の皆さまが働きやすい職場づくりを目指し、ワークライフバランスを念頭に置いて、福利厚生の充実を図っています。

できたらbest！

年間休日120日以上
職員の休日は年間120日以上。それに加え、年次有給休暇やその他休暇が取得でき、年1回、5日以上の連続休暇も取得可能です。

資格取得報奨金制度
職務に必要とされる資格を取得した職員には報奨金が支給されます。研修制度も整っており、キャリアアップが目指せます。

子育て支援助成金
扶養手当の他にも、出生時や入学時など、子どもの育成に合わせて助成金が支給されます。また、職員の産休・育休取得率は95%以上。

■1日のスケジュール例

9:00	出勤・申し送り	夜間・前日までのご入居者さまの様子や食事量などを確認し、業務開始。
10:00	清掃・洗濯	毎日気持ちよく過ごしていただけるよう、日常生活のフォローを行います。
11:30	昼食準備・食事介助	食事道具やお茶を準備し、お薬の管理や食事を介助します。

13:00	休憩	栄養士が管理した、栄養バランスの整った昼食を用意しています。
14:00	レクリエーション	体操や風船バレー、簡単なクイズなど、身体や脳の運動を一緒に行います。
15:30	カンファレンス	ケアマネージャーなど、ご入居者さま一人ひとりの支援策を考えます。
16:30	リハビリ介助・ケア記録	ご入居者さまのリハビリをお手伝い。その日の様子や実施したこと等を記録します。
18:00	申し送り・退勤	引き継ぎ事項を後輩者に申し送り、業務終了。今日も一日お疲れさまでした！

③ 実際に働くイメージが湧く

もっと編集力！

教育制度について

入社時 → 1年目 → 2年目
新人研修 → フォローアップ → 社員研修

研修制度を載せる場合は、詳細を説明するよりチャート図を使って見せると良いかもな

研修制度も学生が知りたいことのひとつ。より詳しく説明しようと文章だけでまとめるのではなく、チャート図などを用いてステップやフローを視覚的に示してあげるとわかりやすいでしょう。もっと知りたい学生は質問してくるでしょうからね。

03 CSRレポート

Before

見開き1ページでちゃんと伝わるように、
弊社のCSRをまとめてみました！

定型文書

社内広報

社内プレゼン資料

社外広報

販売促進

社外プレゼン資料

After

B.R.I 株式会社
オンリーワンカンパニーを目指して

当社のCSRの基本的な考えは、「利益の追求」のためだけではなく、社会規範を守りながら事業をつうじて社会貢献をすることであり、社会からの要請を的確に受け止めるためにステークホルダーとのコミュニケーションを大切にしています。
これらを遵守してこそ、社会からもお客さまからも信頼される企業として、持続的に発展していくことができるという信念のもとに、経営理念実現のために当社役員・社員が取るべき行動の指針として策定した企業行動憲章に基づいた事業活動を継続的に実施しています。

◆ B.R.I株式会社のCSR

企業理念 / 経営指針 / コンプライアンス / 社会的役割

価値の提供 / 信頼関係

お客さま / 提携先 / 従業員 / 地域社会

企業理念
当社は、お客さまに満足していただけるよう「誠実・愛敬・接軟力」をもって信頼感・安心感・満足感を与える品質を提供することを企業理念としています。

経営指針
安定した収益を確保し持続的に成長するため、技術力とサービスの向上に邁進し、国内外において活躍の場を広げる企業グループであり続けることを経営指標としています。

コンプライアンス
法令遵守の精神をもって誇りある仕事をし、社員をはじめ現場に携わる一人ひとりが、強い責任感と情熱をもって仕事に取り組める職場をつくります。

社会的役割
身近な地域社会、また地球の未来のために、社会的課題に真摯に向き合い、環境に配慮した安心・安全な社会をつくります。またそれに携わる人材育成にも貢献します。

色数も多すぎるし、要素が多すぎてまとまりがないな…
もっとシンプルに、わかりやすく構成しよう

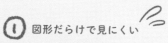

複雑でまとまりがなく見える

① 図形だらけで見にくい

B.R.I株式会社の CSR

② 色数が多く複雑に見える

B.R.I株式会社
オンリーワンカンパニーを目指して

当社のCSRの基本的な考えは、「利益の追求」のためだけではなく、社会規範を守りながら事業をつうじて社会貢献をすることであり、社会からの要請を的確に受け止めるためにステークホルダーとのコミュニケーションを大切にしています。
これらを遵守してこそ、社会からもお客さまからも信頼される企業として、持続的に発展していくことができるという信念のもとに、経営理念実現のために当社役員・社員が取るべき行動の指針として策定した企業行動憲章に基づいた事業活動を継続的に実施しています。

企業理念
当社は、お客さまに満足していただけるよう「誠実・意欲・技術力」をもって信頼感・安心感・満足感を与える品質を提供することを企業理念としています。

経営指針
安定した収益を確保し持続的に成長するため、技術力とサービスの向上に邁進し、国内外において活躍の場を広げる企業グループであり続けることを経営指針としています。

コンプライアンス
法令遵守の精神をもって誇りある仕事を、社員をはじめ現場に携わる一人ひとりが、強い責任感と情熱をもって仕事に取り組める職場をつくります。

社会的役割
身近な地域社会、また地球の未来のために、社会の課題に真摯に向き合い、環境に配慮した安心・安全な社会をつくります。またそれに携わる人材育成にも貢献します。

価値の提供　　信頼関係

お客さま　提携先　従業員　地域社会

③ イラストが野暮ったい

編集ポイント！

色や要素をすっきりさせて、シンプルな図解に

＼ ひときわ編集力！ ／

① 図形はむやみに多用しないこと。また、塗りか線どちらかだけに統一することで資料全体がすっきりして、図解も見やすくなります。

② 色数が多いと情報の優先順位が不明確になり、内容が複雑に見えてしまいます。同色の濃淡やグレーを使ってシンプルに構成しましょう。

③ ビジュアル要素を入れたい場合はイラストの代わりにアイコンやピクトグラムを使うと、フォーマルさを残しながらも情報がシンプルに伝わります。

相関関係が理解しやすい

ひときわ
編集力!

① 図解はシンプルに
わかりやすく

② 同系色に統一
してすっきり

◆ B.R.I 株式会社のCSR

B.R.I 株式会社
オンリーワンカンパニーを目指して

当社のCSRの基本的な考えは、「利益の追求」のためだけではなく、社会規範を守りながら事業をつうじて社会貢献をすることであり、社会からの要請を的確に受け止めるためにステークホルダーとのコミュニケーションを大切にしています。

これらを遵守してこそ、社会からもお客さまからも信頼される企業として、持続的に発展していくことができるという信念のもとに、経営理念実現のために当社役員・社員が取るべき行動の指針として策定した企業行動憲章に基づいた事業活動を継続的に実施しています。

企業理念
経営指針
コンプライアンス
社会的役割

価値の提供

信頼関係

お客さま
提携先
従業員
地域社会

③ アイコンで
垢抜け感を

企業理念
当社は、お客さまに満足していただけるよう「誠実・集敵・技術力」をもって誠意感・安心感・満足感を与える品質を提供することを企業理念としています。

経営指針
安定した収益を確保し持続的に成長するため、技術力やサービスの向上に邁進し、国内外において活躍の場を広げる企業グループであり続けることを経営指針としています。

コンプライアンス
法令遵守の精神をもって筋のある仕事をし、社員をはじめ現場に携わる一人ひとりが、強い責任感と情熱をもって仕事に取り組める職場をつくります。

社会的役割
身近な地域社会、また地球の未来のために、社会の課題に真摯に向き合い、環境に配慮した安心・安全な社会をつくります。またそれに携わる人材育成にも貢献します。

文章や図解だけでなく、イメージ写真も使って
親しみのある紙面作りを目指そう

いくら図解をブラッシュアップしても、文章と図解だけで構成すると企業のイメージアップを目的とした広報物としては堅苦しい印象になってしまいます。イメージ写真や実際に活動している写真を入れると、明るくエネルギッシュな企業だと印象付けることができます。

定型文書
社内広報
社内プレゼン資料
社外広報
販売促進
社外プレゼン資料

Before

会社の理念も、本人の顔も覚えてもらえたらと、
全部盛り込みました！！！

定型文書

社内広報

社内プレゼン資料

社外広報

販売促進

社外プレゼン資料

ソラリスメディア株式会社

ビジネスメディア事業推進部
課長補佐

日下部　　誠司
Seiji Kusakabe

〒220-0573　東京都千代田区東葛西1-11-3
メディアビルディング35F
Tel. 08-4839-1234　Fax. 08-4839-5678
E-mail. kusakabe@solaris.com
http://www.solaris.com

SOLARIS

確かに印象には残るが、ごちゃごちゃしてるな…
安心と信頼がモットーだからそれを表現しないと

情報を盛り込みすぎてごちゃごちゃしている

① 情報量が多すぎる

メディアの力で
お客さまの明日を切り開く！

ビジネスメディア事業推進部
課長補佐

日下部　誠司

ソラリスメディア株式会社

〒220-0573　東京都千代田区東葛西1-11-3
メディアビルディング35F
Tel. 08-4839-1234　Fax. 08-4839-5678
E-mail. kusakabe@solaris.com
http://www. solaris. com

SOLARIS

③ 行の揃え方がバラバラ…

② 色を使いすぎて
ごちゃごちゃしている

編集ポイント！

目線の流れを意識した左揃えのレイアウトに

① 情報を盛り込みす
ぎると煩雑な印象に
なります。優先順位をつ
けて取捨選択しましょう。
ロゴは左上に配置すると
最初に目に入ります。

② コーポレートカラー
をストレートに活か
すために、文字色は1色に
するなど色数を絞りましょ
う。すっきりと見やすい
名刺になります。

＼ こだわり編集力！ ／

③ 左揃えはレイアウト
のバランスをとりや
すいうえに、誠実に見えま
す。名前は中央に近い位
置にある方が安定感があ
り、目に入りやすいです。

シンプルできちんと整列されている

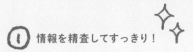 情報を精査してすっきり！

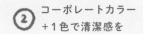 コーポレートカラー +1色で清潔感を

SOLARIS

ソラリスメディア株式会社

ビジネスメディア事業推進部
課長補佐

日下部　誠司
Seiji Kusakabe

〒220-0573　東京都千代田区東葛西1-11-3
メディアビルディング35F
Tel. 08-4839-1234　Fax. 08-4839-5678
E-mail. kusakabe@solaris.com
http://www.solaris.com

good!

③ 左揃えで
読みやすさアップ！

こだわり
編集力！

定型文書

社内広報

社内プレゼン資料

社外広報

販売促進

社外プレゼン資料

もっと編集力！

左揃えは一番簡単なレイアウト。
他にもこんなデザインに挑戦してみよう

名刺には他にも色々なレイアウトがあります。中央揃えはバランスがとりにくく難しく感じますが、余白を十分にとれば上品に仕上げることができます。右揃えは独創的な印象を与えることができます。

イベント開催のプレスリリース

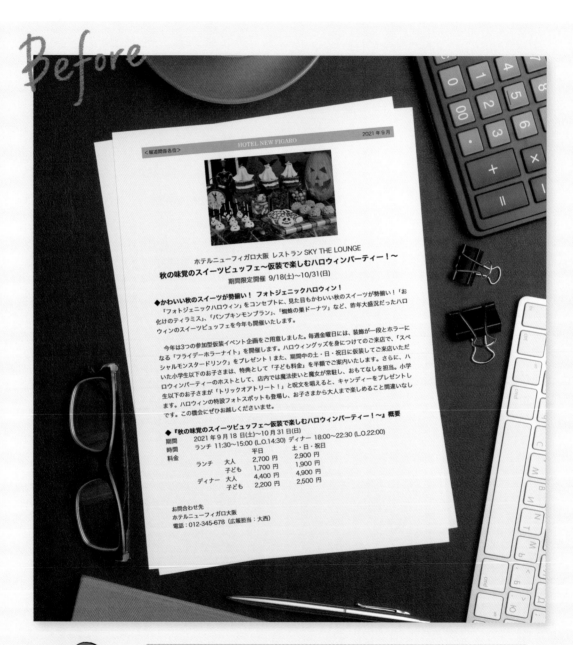

Before

伝えたいことを詰め込んで書き連ねました！
メディアに取り上げてほしいですね！

メディアに「面白い！」と取り上げ、発信してもらい、ユーザーに興味を持って
もらうために、「短時間」かつ「効果的」であることを追求しよう。

定型文書

社内広報

社内プレゼン資料

社外広報

販売促進

社外プレゼン資料

After

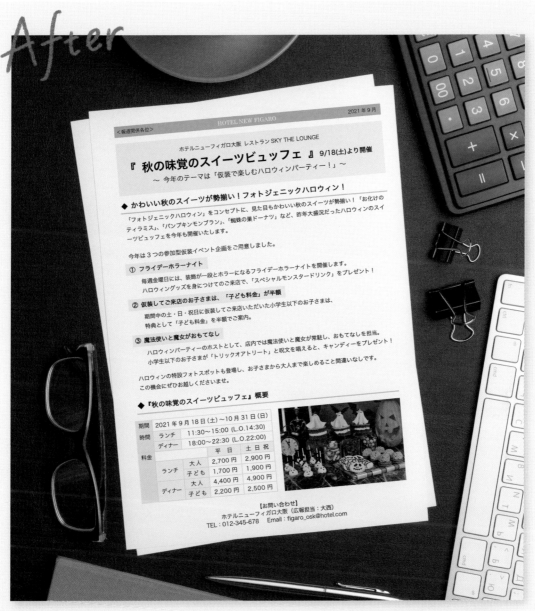

<報道関係各位>

HOTEL NEW FIGARO

2021年9月

ホテルニューフィガロ大阪 レストラン SKY THE LOUNGE

『 秋の味覚のスイーツビュッフェ 』 9/18(土)より開催
～ 今年のテーマは「仮装で楽しむハロウィンパーティー！」～

◆ かわいい秋のスイーツが勢揃い！フォトジェニックハロウィン！
「フォトジェニックハロウィン」をコンセプトに、見た目もかわいい秋のスイーツが勢揃い！「お化けの
ティラミス」、「パンプキンモンブラン」、「蜘蛛の巣ドーナツ」など、昨年大盛況だったハロウィンのスイ
ーツビュッフェを今年も開催いたします。

今年は3つの参加型仮装イベント企画をご用意しました。

① フライデーホラーナイト
　毎週金曜日には、装飾が一段と上がりとホラーになるフライデーホラーナイトを開催します。
　ハロウィングッズを身につけてのご来店で、「スペシャルモンスタードリンク」をプレゼント！

② 仮装してご来店のお子さまは、「子ども料金」が半額
　期間中の土・日・祝日に仮装してご来店いただいた小学生以下のお子さまは、
　特典として「子ども料金」を半額でご案内。

③ 魔法使いと魔女がおもてなし
　ハロウィンパーティーのホストとして、店内では魔法使いと魔女が常駐し、おもてなしを担当。
　小学生以下のお子さまが「トリックオアトリート」と呪文を唱えると、キャンディーをプレゼント！

ハロウィンの特設フォトスポットも登場し、お子さまから大人まで楽しめること間違いなしです。
この機会にぜひお越しくださいませ。

◆『秋の味覚のスイーツビュッフェ』概要

期間	2021年9月18日(土)〜10月31日(日)		
時間	ランチ	11:30〜15:00 (L.O.14:30)	
	ディナー	18:00〜22:30 (L.O.22:00)	

料金		平　日	土日祝
ランチ	大人	2,700円	2,900円
	子ども	1,700円	1,900円
ディナー	大人	4,400円	4,900円
	子ども	2,200円	2,500円

【お問い合わせ】
ホテルニューフィガロ大阪（広報担当：大西）
TEL：012-345-678　Email：figaro_osk@hotel.com

相手は忙しいんだから、パッと見て目を引く工夫をしないと
読んでもらえずゴミ箱行きだぞ

Before

相手に頑張って読ませてはダメ

<報道関係各位>　　　HOTEL NEW FIGARO　　　2021年9月

ホテルニューフィガロ大阪 レストラン SKY THE LOUNGE
秋の味覚のスイーツビュッフェ〜仮装で楽しむハロウィンパーティー！〜
期間限定開催 9/18(土)〜10/31(日)

◆かわいい秋のスイーツが勢揃い！ フォトジェニックハロウィン！

　「フォトジェニックハロウィン」をコンセプトに、見た目もかわいい秋のスイーツが勢揃い！「お化けのティラミス」、「パンプキンモンブラン」、「蜘蛛の巣ドーナツ」など、昨年大盛況だったハロウィンのスイーツビュッフェを今年も開催いたします。

　今年は3つの参加型仮装イベント企画をご用意しました。毎週金曜日には、装飾が一段とホラーになる「フライデーホラーナイト」を開催します。ハロウィングッズを身につけてのご来店で、「スペシャルモンスタードリンク」をプレゼント！また、期間中の土・日・祝日に仮装してご来店いただいた小学生以下のお子さまは、特典として「子ども料金」を半額でご案内いたします。さらに、ハロウィンパーティーのホストとして、店内では魔法使いと魔女が常駐し、おもてなしを担当。小学生以下のお子さまが「トリックオアトリート！」と呪文を唱えると、キャンディーをプレゼントします。ハロウィンの特設フォトスポットも登場し、お子さまから大人まで楽しめること間違いなしです。この機会にぜひお越しくださいませ。

◆『秋の味覚のスイーツビュッフェ〜仮装で楽しむハロウィンパーティー！〜』概要

期間　2021年9月18日(土)〜10月31日(日)
時間　ランチ 11:30〜15:00 (L.O.14:30) ディナー 18:00〜22:30 (L.O.22:00)
料金

		平日	土・日・祝日
ランチ	大人	2,700 円	2,900 円
	子ども	1,700 円	1,900 円
ディナー	大人	4,400 円	4,900 円
	子ども	2,200 円	2,500 円

お問合わせ先
ホテルニューフィガロ大阪
電話：012-345-678 (広報担当：大西)

① タイトルが目立たない

② 文章が長すぎて読む気にならない

③ 時間と料金のまとめ方がまぎらわしい

編集ポイント！

読むのに時間を使わせてはいけない

＼とりわけ編集力！／

① プレスリリースはタイトルと見出しが肝心。忙しいメディア担当者に一目で内容を理解してもらえるよう位置と強弱を意識しましょう。

② 忙しい相手に長い文章の塊を送るのはNG。高確率で読んでもらえません。小見出しをつけて、要点がすぐに伝わるようにしましょう。

③ 概要は間違って転記されると大変です。表にまとめるなどして、相手に混乱を与えないようわかりやすい見せ方を心がけましょう。

文章は簡潔に、10秒で趣旨がわかるように

とりわけ編集力！

① 「いつから何が始まるか」が一目でわかる

② 項目も文章も簡潔に！

③ 一覧は「省略」と「整理」を常に意識する

<報道関係各位> HOTEL NEW FIGARO 2021年9月

ホテルニューフィガロ大阪 レストラン SKY THE LOUNGE

『 秋の味覚のスイーツビュッフェ 』 9/18(土)より開催

～ 今年のテーマは「仮装で楽しむハロウィンパーティー！」～

◆ かわいい秋のスイーツが勢揃い！フォトジェニックハロウィン！

「フォトジェニックハロウィン」をコンセプトに、見た目もかわいい秋のスイーツが勢揃い！「お化けのティラミス」、「パンプキンモンブラン」、「蜘蛛の巣ドーナツ」など、昨年大盛況だったハロウィンのスイーツビュッフェを今年も開催いたします。

今年は3つの参加型仮装イベント企画をご用意しました。

① フライデーホラーナイト

毎週金曜日には、装飾が一段とホラーになるフライデーホラーナイトを開催します。
ハロウィングッズを身につけてのご来店で、「スペシャルモンスタードリンク」をプレゼント！

② 仮装してご来店のお子さまは、「子ども料金」が半額

期間中の土・日・祝日に仮装してご来店いただいた小学生以下のお子さまは、
特典として「子ども料金」を半額でご案内。

③ 魔法使いと魔女がおもてなし

ハロウィンパーティーのホストとして、店内では魔法使いと魔女が常駐し、おもてなしを担当。
小学生以下のお子さまが「トリックオアトリート」と呪文を唱えると、キャンディーをプレゼント！

ハロウィンの特設フォトスポットも登場し、お子さまから大人まで楽しめること間違いなしです。
この機会にぜひお越しくださいませ。

◆『秋の味覚のスイーツビュッフェ』概要

期間	2021年9月18日(土)～10月31日(日)			
時間	ランチ	11:30～15:00 (L.O.14:30)		
	ディナー	18:00～22:30 (L.O.22:00)		
料金			平 日	土 日 祝
	ランチ	大人	2,700 円	2,900 円
		子ども	1,700 円	1,900 円
	ディナー	大人	4,400 円	4,900 円
		子ども	2,200 円	2,500 円

【お問い合わせ】
ホテルニューフィガロ大阪（広報担当：大西）
TEL：012-345-678　Email：figaro_osk@hotel.com

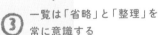
もっと編集力！

多忙な記者に読んでもらうことを意識して
専門用語や余分な表現は極力避けよう

相手は専門家ではないので、専門用語はできるだけ少なくし、誰でもわかる表現に。また、魅力を盛り込むために同じ内容を繰り返したり、大げさな形容詞がたくさんあると読みづらくなり、真意が伝わりにくくなるため注意しましょう。

定型文書
社内広報
社内プレゼン資料
社外広報
販売促進
社外プレゼン資料

SNSを使った地方自治体のブランディング

Before

お米の写真と、あと猫は「いいね」がつくって聞いたので
それもアップしてもらいました！

定型文書

社内広報

社内プレゼン資料

社外広報

販売促進

社外プレゼン資料

SNSを活用したブランディングが重要視されているなか、企業アカウントが
1万を超えるInstagramを例に、どう見せればファンが増えるかを考えよう。

インスタは一覧画面の統一感が大事なんだ。
いいお米が育ちそうな風景や町の雰囲気も伝えないと

統一感がなく地域の良さが伝わらない

① 一覧の写真に統一感がない

② 同じ写真を何度も使っている

③ 不自然な撮影写真

himari_city_21 **フォローする**
投稿80件　フォロワー92人　125人をフォロー中

ひまり市観光協会
ひまり市の観光局公式アカウントです。
自然いっぱいに囲まれた町の魅力をどんどん発信していきます！
himari_himari.city.jp

NG!

今年も新米入荷しました

編集ポイント！

凝ることではなく、素材の良さで勝負

① どれだけ良い1枚が撮れたとしても、全体的にカラーやイラストの統一感がバラバラだと地域のイメージが台無しになってしまいます。

② 同じ画像がいくつか使われていると、更新を手抜きしているように思われかねません。同じ宣伝であっても、なるべく別の見せ方を。

＼ これこそ編集力！ ／
③ 凝った写真を載せようと力を入れても、全体を見たときに不自然だと意味がありません。温度やストーリーが感じられる写真だと◎

地元の人だからこそ発信できる魅力

① 全体的に
トーンが統一されている

② さまざまな写真で
地域の良さや
雰囲気を伝える

イイね😊

③ 地元の人の視点で
撮られた日々の風景

これこそ
編集力！

もっと編集力！

SNSの特徴と違いを知って、
自社の目的に合ったSNSを使い分けよう

拡散力が非常に高いTwitterや、ハッシュタグやMAP機能などが便利
で流行感度の高いユーザーが多いInstagram、実名登録で信頼度もあり
イベント告知なども得意なFacebook、メルマガ代わりにもなるLINEなど、
それぞれの特徴を知って自社の目的に合ったものを選びましょう。

定型文書
社内広報
社内プレゼン資料
社外広報
販売促進
社外プレゼン資料

画像の扱い方

　文字ばかりの資料も、イメージに合った画像を入れることでぐっと見映えが良くなり、視覚的に理解を促すことができます。しかし、画像の扱い方ひとつでイメージ通りに伝わらなかったり、理解の邪魔をしてしまうことも。ここでは効果的な画像の扱い方を紹介します。

💡 画像の扱い方から学ぶ編集力！

> お客さま向けの資料、
> イメージ画像をいっぱい載せてすごく見映えが良くなりました！

> 社外向けスライドは特に画像を効果的に使うのが大事だからな。
> しかし「いっぱい」ってデータサイズは大丈夫か？

> あ、メールで送ろうと思ったらすごい容量だったんですが
> それは大丈夫ですかね…？

> おいおい…それじゃあ向こうにとっちゃ迷惑だぞ…
> 常に受け取る相手を想像しながら資料を作らないと！

　画像はイメージを伝えるのに便利ですが、ただ入れるだけではなく、「なぜその画像を入れるのか？」「その画像で何を伝えたいのか？」を意識することで、編集力に磨きをかけましょう。

編集ポイント！

- 時間をかけず ・・・・・・・・・・・ 画像1枚で魅せることもできる
- 読み手の負担も少なく ・・・・・・・・・・・・ 理解の時間短縮
- 理解しやすく ・・・・・・・・・・・・・ オーバーレイ、明度の調整
- 要点が伝わる ・・・・・・・・・・・・・・・・ トリミング など

① トリミング

　縦長や横長、正方形などサイズが異なる画像をそのまま並べると、雑然とした印象を与えてしまいます。その場合はトリミングをして整えましょう。トリミングとは、画像の必要な部分のみ切り出すことです。その際に、画像と文字の位置を揃えることで、より見やすくなるのであわせて意識してみましょう。

Before

After

Before

After

画像を扱う際、全体の雰囲気を見せたい場合は左側のままで問題ありませんが、一部にフォーカスを当てたい場合は拡大をしてトリミングしましょう。余分な情報が排除され、何を示したい画像なのかがすぐにわかります。

Before

After

消したい ←

└ 背景色と同じ色の
　図形を重ねる

四角形のトリミングだけでは切り出すのが難しい場合は、背景と同じ色の図形を重ねて疑似的にトリミングすることも可能です。

② タテヨコ比

画像を拡大縮小する際には「画像の縦横の比率」を変えないように気をつけましょう。スペースを埋めるために無理やり画像を引きのばしてしまうのはNGです。特にお客さまの会社ロゴや商品写真を変形してしまうことは大変失礼なので注意が必要です。トリミングやレイアウトなどを工夫して最適な見せ方を考えましょう。

Before

After

③ 統一感

同じページ内に使う画像はテイストが揃うよう意識してみましょう。例えば比較を見せたいときに写真とイラストを組み合わせてしまうと、違和感がメッセージの邪魔をしてしまいます。写真もイラストも使う場合にはなるべく統一感を意識した方がストレートに伝わるでしょう。

Before

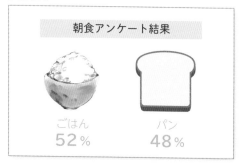

イラストのテイストに統一感がないため、余計な違和感を与えてしまう。

After

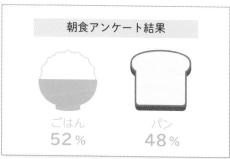

イラストのテイストを統一したことにより、必要な情報のみがストレートに伝わる。

④ オーバーレイ

　オーバーレイは、半透明のオブジェクトを上から重ねて、下にある要素を活かしながらその上に別の要素を配置するテクニックです。限られたスペースを有効に使うことができ、奥行きのあるダイナミックな印象により相手の想像力を膨らませることもできるでしょう。透明度は20〜30%を目安に、重ねた文字が読みやすくなるよう調整しましょう。

Before

After

タイトルは目に入ってくるが、せっかくの写真が小さくなりもったいない。

写真を全画面に使用することで空気感もより伝わり、タイトルもしっかり目に入る。

もっと編集力！

オーバーレイの活用事例

Before

After

写真を全面に使い、その上に透過した黒と白い文字を重ねると、ダイナミックな印象になります。インパクトや勢いを相手に見せたい際に効果的でしょう。

Before

After

グラフや写真に補足説明を添えたいときは、透過した図形を引出し線とあわせて使うと、画像と紙面どちらも有効活用できます。

EDIT

05

販売促進の目的とは

　販売促進とは、消費者が製品・サービスを購入するきっかけづくりであり、購買意欲を促進させ購入してもらうために行う一連の流れを指します。今日ではネットに情報が溢れ、消費者は膨大な情報に触れ多くの選択肢を持っています。そのため、サービスの魅力だけでなく、消費者にとってのメリットも瞬時に伝えることが大切です。最近では動画によるプロモーションも増えてきたため、平面的な見せ方だけでなく、その裏側にある「ストーリー」を見せることで共感を得ることも、他社と差をつけるポイントかもしれませんね。

POPやパンフレットはわかるんですが
お客さまアンケートも販売促進と関係あるんですか？

売る側の目線と、買う側の目線のズレを
知るためにアンケートはとても有効なんだ

顧客向けセミナー告知案内状

Before

情報を整理して、ピンクでかわいらしく仕上げました！
やっぱり明るい色は目立ちますね〜！

BtoBの顧客向けセミナー告知案内状の目的は、顧客に「参加することで自社の利益につながりそう」と思わせ、集客に結びつけること。

After

「わ〜ピンク！行こう！」とはならんだろ…
メリットがないとわざわざお金を出してまで来てくれないぞ

顧客のビジネスメリットに触れていない

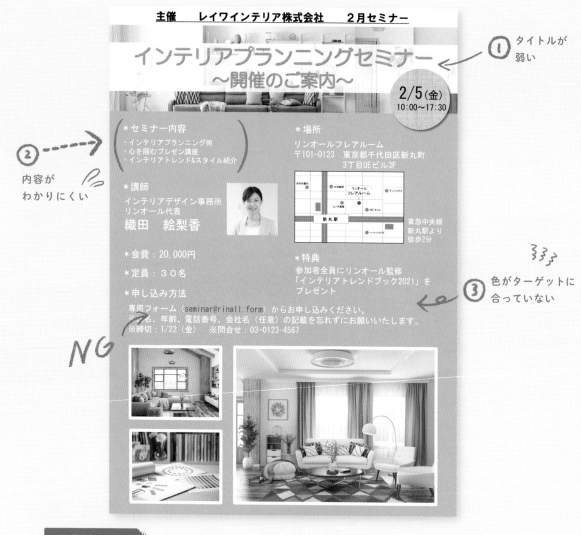

① タイトルが弱い

② 内容がわかりにくい

③ 色がターゲットに合っていない

編集ポイント！

顧客にもたらす利益を具体的にPRしたデザイン

＼ ひときわ編集力！ ／

① タイトルとリード文はインパクトのあるメッセージで興味を引きます。得られるものを具体的に書き、本文を読ませるよう視線を誘導します。

② プログラムは、相手にビジネスメリットがある内容を詳しく書き参加を促します。参加特典を目立たせるのも、参加の後押しになるので有効。

③ キーカラーは使用している写真の中から色を拾い、ポイントで使うと失敗しません。イメージ写真は枚数を絞っても大きく扱う方が◎

After

ビジネスメリットを具体的に想像させる

ひときわ
編集力！

① 興味を引く
タイトルと
リード文

② ビジネスメリットが
具体的に
わかりやすい

ワンランク上のインテリアプランで集客アップ！

差がつく！ **1day インテリア**
プランニングセミナー

参加者全員に
リンオール監修
「インテリア
ブック2021」
プレゼント！

good!

お客様のニーズを引き出し、心を掴むプランニングのコツをお教えします。
最新のインテリアトレンドを押さえて集客アップを狙いましょう。

01
インテリア
プランニング術
10:00-12:30

織田流のテーマ設定・コンセプト提案の仕方をお伝えし、リアルな3Dのインテリアシミュレーションソフトによるプランニング実習を行います。

02
心を掴む
プレゼン講座
13:30-15:30

提案をわかりやすく伝え、顧客とイメージを正しく共有するための、PowerPointを使ったプレゼンシートの作成方法を実習形式で学習できます。

03
インテリアトレンド＆
スタイル紹介
16:00-17:30

最新のインテリアトレンドから、押さえるべきポイントとスタイルをレクチャー。それぞれのスタイルに合わせた素材の選び方をお伝えします。

日時	**2/5**（金）10:00～17:30
会費	20,000円　定員 30名
会場	リンオールフレアルーム
主催	レイワインテリア株式会社

講師
インテリアデザイン事務所
リンオール代表
織田 絵梨香

住宅メーカーで実務を担当、在職中にインテリアプランナー資格取得。その後インテリアデザイン事務所勤務を経て、リンオール設立。戸建で住宅やカフェなどのインテリアを手掛け、雑誌のスタイリングなども行っている。

③ イメージ写真から
拾った色を
ポイントに

場所
リンオールフレアルーム

〒101-0123
東京都千代田区新丸町3丁目 UE ビル3F
東急中央線 新丸駅より徒歩2分

お申し込みはこちらから

QRコードを読み込んで専用の
フォームよりお申し込みください
締 切：**1/22**（金）
お問合せ：03-0123-4567

OK!

もっと編集力！

申込方法は簡単、明確に！
参加者が申し込み方法に迷わないことが大事だ

セミナーやイベントの集客率アップを狙うなら、申込方法は極力簡単で目立つように記載しましょう。申し込みフォームへの誘導は、QRコードがおすすめ。Web上でQRコードを無料作成できるサービスがあるので活用してみましょう。参加者の負担を減らすひと手間が集客率アップにつながります。

定型文書
社内広報
社内プレゼン資料
社外広報
販売促進
社外プレゼン資料

Before

商品がドーン！と目立つようにしてみました。
これで目に入りますよね！

After

定型文書

社内広報

社内プレゼン資料

社外広報

販売促進

社外プレゼン資料

どんな商品で誰に向けてのものなのかがわからないと
いくら目に入っても「買おう!」とはならないぞ

商品の魅力が伝わってこない

① 商品名が
悪目立ち
している

② 商品写真が
大きすぎる

★乳酸菌＋ビフィズス菌＋ビタミン配合！
おなかに優しく菌活しながら、ビタミンも補給できる！

★果物の優しい甘みで低カロリー！
甘さは果物の甘さだけ！だから1本なんと65キロカロリー！

★人工甘味料・保存料ゼロ！
リニューアルして、もっと体に優しくなってお子さまにもぴったり！

③ イメージに
合わない
色やフォント

編集ポイント！

ターゲットの心を掴むイメージ写真とキャッチコピーでPR

＼こだわり編集力！／

① 商品名よりもキャッチコピーを目立たせることにより特長やイメージが伝わります。購買意欲を掻き立てる魅力的なコピーを考えましょう。

② POPに求められる役割は、お客さまの購買意欲を後押しすること。ターゲットにとって有意義な情報が一番に目に入るデザインに。

③ 商品の特長は、図や具体的な数字で端的に表します。イメージに合わないフォントや色使いで無理に主張すると胡散臭くなってしまいます。

After — 商品の特長が魅力的にPRされている

② イメージ写真を背景に使う

こだわり編集力！

① ターゲットに刺さるキャッチコピー

乳酸菌の力で、おなかに「おはよう」を。

③ 簡潔でわかりやすい図と説明

お子さまにも安心！
リニューアルポイント

からだに優しい	人口甘味料・保存料 不使用
おなかに優しい	乳酸菌＋ビフィズス菌＋ビタミン配合
低カロリー	甘みは果物の甘みだけ 65kcal

フルーツ＋乳酸菌の力

イイね

からだに優しくリニューアル！
mornin
モーニン

果汁15%

開栓前によく降ってお飲みください。

もっと編集力！

ターゲットに合わせた訴求ポイントと表現方法を考えてみよう

ただ商品の特長を書くだけではターゲットの心に届きません。まずは、商品を①特長②それによる効果③得られる利点に分解し、性別や年齢に合わせた言葉に変換してPRしましょう。例えば、男性は具体的な性能や効果を重視し、女性は使用感や見た目の印象に敏感だと言われています。

定型文書

社内広報

社内プレゼン資料

社外広報

販売促進

社外プレゼン資料

147

プラン別料金表

コワーキングスペース TOKIWA　料金表

	料金	利用時間	入会金	法人登記住所利用
		平日 9:00〜21:00	500 円	不可
ドロップイン (一時利用)	300 円/1h 1,000 円/1day	土日 10:00〜20:00	500 円	不可
マンスリープラン (一時利用)	8,000 円/月	平日 9:00〜22:00 土日 10:00〜20:00	500 円	不可
ナイト&ホリデイプラン (月額会員)	7,500 円/月	平日 18:00〜23:00 土日 10:00〜20:00	3,000 円	不可
オールデイプラン (月額会員)	10,000 円/月	平日 9:00〜22:00 土日 10:00〜20:00	3,000 円	可
スタートアッププラン (月額会員)	19,500 円/月	平日 9:00〜23:00 土日 10:00〜20:00	3,000 円	

コワーキングスペース
TOKIWA

〒569-0123 大阪府大阪市南区井原町 5-10 UE ビル 3 階

利用料金をプランごとに表にまとめました！
1行ごとに色も変えて見やすくしましたよ！

定型文書

社内広報

社内プレゼン資料

社外広報

販売促進

社外プレゼン資料

POINT!!

サービスやプランの料金表は、単に内容と価格を載せるだけでなく、読み手が「自分に適したプランはどれで、それにいくらかかるのか」を把握できること。

After

コワーキングスペース TOKIWA　料金表

コワーキングスペース TOKIWA

		一時利用		月額会員		
		ドロップイン 数時間〜1日だけ 利用したい方向け	**マンスリー** 短期集中で 利用したい方向け	**ナイト&ホリデイ** 仕事帰りと週末に 利用したい方向け	**オールデイ** 時間を気にせず一日中 利用したい方向け	**スタートアップ** 起業したい方や フリーランスの方向け
料 金		¥300 /1h ¥1,000 /1day	¥8,000 /月	¥7,500 /月	¥10,000 /月	¥19,500 /月
利用時間	平日	9:00 - 21:00	9:00 - 22:00	18:00 - 23:00	9:00 - 22:00	9:00 - 23:00
	土日			10:00 - 20:00		
				¥3,000		
入会金		¥500			×	○
登 記 (住所利用・郵便受取)		×	×	×	×	

〒569-0123 大阪府大阪市南区井原町 5-10 UE ビル 3 階

わかりにくくて大事なお客さまを逃すぞそりゃ。
もっと比較しやすいように縦で構成してみたらどうだ？

NG! (>_<)

コワーキングスペース TOKIWA　料金表

① プランが縦、項目が横に
並んでいるので比較しづらい

	料金	利用時間	入会金	法人登記 住所利用
ドロップイン（一時利用）	300 円/1h 1,000 円/1day	平日 9:00〜21:00 土日 10:00〜20:00	500 円	不可
マンスリープラン（一時利用）	8,000 円/月	平日 9:00〜22:00 土日 10:00〜20:00	500 円	不可
ナイト&ホリデイプラン（月額会員）	7,500 円/月	平日 18:00〜23:00 土日 10:00〜20:00	3,000 円	不可
オールデイプラン（月額会員）	10,000 円/月	平日 9:00〜22:00 土日 10:00〜20:00	3,000 円	不可
スタートアッププラン（月額会員）	19,500 円/月	平日 9:00〜23:00 土日 10:00〜20:00	3,000 円	可

③ 行が狭く目で追いづらい

コワーキングスペース
TOKIWA

〒569-0123 大阪府大阪市南区井原町 5-10 UE ビル 3 階

② 背景色のせいで
読みにくい

編集ポイント！

料金と内容を比較しやすい縦ラインの構成に

＼ これこそ編集力！ ／

① プランの選択肢は、縦よりも横に並べる方が項目の内容を比較しやすくなります。表を作るときは、何を比較するべきなのかを意識しましょう。

② 背景色で文字が読みづらいのは NG。色分けは行ごとではなく、きちんと意味付けをして行うと読み手が直感的に理解しやすくなります。

③ 行間が狭く文字が太字で大きいと、窮屈で読みにくくなります。余白は上下左右にたっぷりとってすっきり見せましょう。

定型文書
社内広報
社内プレゼン資料
社外広報
販売促進
社外プレゼン資料

After

プランと料金を比較しやすい

これこそ
編集力！

① プランが横並びで
比較しやすい

② プランごとの
色分けで
わかりやすい

 コワーキングスペース TOKIWA　料金表

		一 時 利 用		月 額 会 員		
		ドロップイン 数時間〜1日だけ 利用したい方向け	マンスリー 短期集中で 利用したい方向け	ナイト&ホリデイ 仕事帰りと週末に 利用したい方向け	オールデイ 時間を気にせず一日中 利用したい方向け	スタートアップ 起業したい方や フリーランスの方向け
料 金		¥300 / 1h ¥1,000 / 1day	¥8,000 /月	¥7,500 /月	¥10,000 /月	¥19,500 /月
利用時間	平日	9:00 - 21:00	9:00 - 22:00	18:00 - 23:00	9:00 - 22:00	9:00 - 23:00
	土日	10:00 - 20:00				
入 会 金		¥500		¥3,000		
登 記 (住所利用・郵便受取)		×	×	×	×	○

〒569-0123 大阪府大阪市南区井原町 5-10 UE ビル 3 階

③ 十分な行間で読みやすい!!

もっと編集力！

\ オススメ！ /

Regular

2,300
円 / 月

9:00-22:00

○

誰向けのプランなのかを補足すると
読み手が自分に適切なものを選びやすいぞ

料金と項目だけが並んでいても、自分がどれを選べば良いのかわからない人もいます。簡単なプラン内容の説明を入れておくと、読み手が自分に合うものを選びやすくなります。「初めての方におすすめ」「迷ったらこれ！」など、おすすめのプランを目立たせるのも効果的。

Before

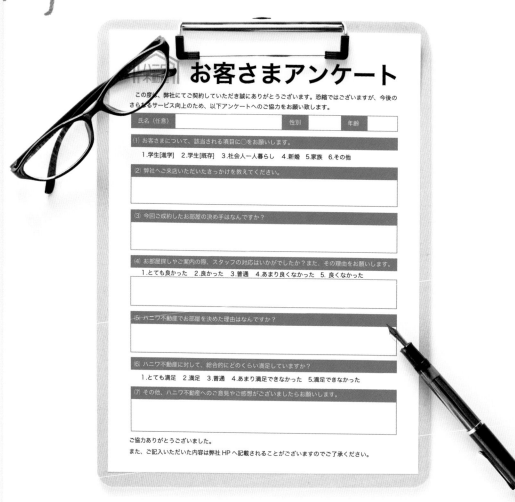

お客さまアンケートを作りました！
枠で囲って、デザイン性も意識しましたよ！

定型文書

社内広報

社内プレゼン資料

社外広報

販売促進

社外プレゼン資料

「ただアンケートをとっただけ」にならないよう、アンケートの目的や
その後の活用を意識しながら流れや設問を考えよう。

After

お客さまアンケート

この度は、弊社にてご契約していただき誠にありがとうございます。入居される皆
さまにアンケートをとらせていただき、お客様のニーズや課題を発見し今後のサー
ビス向上につなげるため、ご協力をお願いします。

(1) お客さまについて、該当される項目にチェックをお願いします。
　□学生[進学]　□学生[既存]　□社会人一人暮らし　□新婚　□家族　□その他

(2) 弊社へご来店いただいたきっかけを教えてください。
　□通りがかり　□ご紹介　□物件張り紙　□チラシ・新聞広告など
　□HP　□Twitter　□Facebook　□その他（　　　　　　　　　　　　　　）

(3) 今回ご成約したお部屋の決め手と、妥協した点はなんですか？
　決め手：
　妥協した点：

(4) お部屋探しやご案内の際のスタッフの対応について、当てはまるものにチェックをお願いします。

接客態度（身だしなみ等）	□満足	□やや満足	□普通	□やや不満	□不満
説明のわかりやすさ	□満足	□やや満足	□普通	□やや不満	□不満
アドバイス・知識の的確さ	□満足	□やや満足	□普通	□やや不満	□不満

(5) ハニワ不動産でお部屋を決めた理由はなんですか？（複数可）
　□物件に対する説明がわかりやすかった　□スタッフの対応が良かった　□金額がお手頃だった
　□周辺環境などの情報提供があった　□紹介されたお部屋が良かった　□物件情報が豊富だった
　□その他（　　　　　　　　　　　　　　　　　　　　　　　　　　　　）

(6) ハニワ不動産に対して、総合的にどのくらい満足していますか？
　□満足　□やや満足　□普通　□やや不満　□不満

(7) その他、ハニワ不動産へのご意見やご感想がございましたらお願いします。

ご協力ありがとうございました。
また、ご記入いただいた内容は弊社HPへ記載されることがございますのでご了承ください。

デザインは確かにしっかり作れるようになってきたな。
ただ、アンケートの中身をもっとしっかり考えないとな

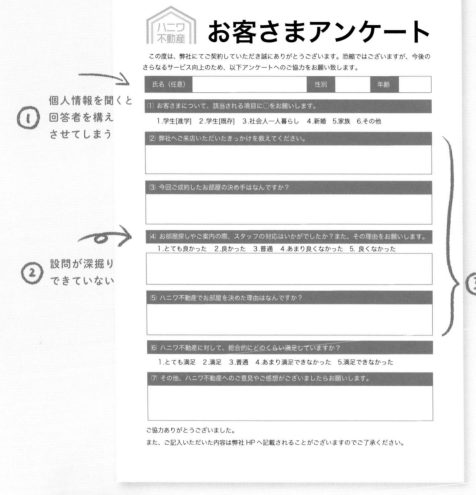

Before

設問内容が浅く、知りたい情報が得られない

お客さまアンケート

ハニワ不動産

この度は、弊社にてご契約していただき誠にありがとうございます。恐縮ではございますが、今後のさらなるサービス向上のため、以下アンケートへのご協力をお願い致します。

| 氏名（任意） | | 性別 | | 年齢 | |

⑴ お客さまについて、該当される項目に○をお願いします。

　1.学生[進学]　2.学生[既存]　3.社会人一人暮らし　4.新婚　5.家族　6.その他

⑵ 弊社へご来店いただいたきっかけを教えてください。

⑶ 今回ご成約したお部屋の決め手はなんですか？

⑷ お部屋探しやご案内の際、スタッフの対応はいかがでしたか？また、その理由をお願いします。

　1.とても良かった　2.良かった　3.普通　4.あまり良くなかった　5.良くなかった

⑸ ハニワ不動産でお部屋を決めた理由はなんですか？

⑹ ハニワ不動産に対して、総合的にどのくらい満足していますか？

　1.とても満足　2.満足　3.普通　4.あまり満足できなかった　5.満足できなかった

⑺ その他、ハニワ不動産へのご意見やご感想がございましたらお願いします。

ご協力ありがとうございました。
また、ご記入いただいた内容は弊社HPへ記載されることがございますのでご了承ください。

① 個人情報を聞くと回答者を構えさせてしまう

② 設問が深掘りできていない

③ 自由記述ばかりで答える気にならない

編集ポイント！

アンケートの目的を意識して構成を考える

① このアンケートでは個人情報は不要、属性のみで十分です。また、アンケートの目的も記載して気軽に回答してもらえるように工夫しましょう。

② 設問の内容が浅いとアンケートをとっても得られる回答にばらつきが出ます。満足度を聞くならきちんと深掘りして設問内容を考えましょう。

＼ とりわけ編集力！ ／

③ 自由記述を求める設問ばかりだと、回答者の心理的負担が大きくなってしまいます。選択式にすることでできるだけ負担を減らしましょう。

After 目的を意識したアンケート作り

お客さまアンケート

この度は、弊社にてご契約していただき誠にありがとうございます。入居される皆さまにアンケートをとらせていただき、お客様のニーズや課題を発見し今後のサービス向上につなげるため、ご協力をお願いします。

(1) お客さまについて、該当される項目にチェックをお願いします。

□学生[進学]　□学生[既存]　□社会人一人暮らし　□新婚　□家族　□その他

(2) 弊社へご来店いただいたきっかけを教えてください。

□通りがかり　□ご紹介　□物件張り紙　□チラシ・新聞広告など
□HP　□Twitter　□Facebook　□その他（　　　　　　　　　　　　　　）

(3) 今回ご成約したお部屋の決め手と、妥協した点はなんですか？

決め手：

妥協した点：

(4) お部屋探しやご案内の際のスタッフの対応について、当てはまるものにチェックをお願いします。

接客態度（身だしなみ等）	□満足 □やや満足 □普通 □やや不満 □不満
説明のわかりやすさ	□満足 □やや満足 □普通 □やや不満 □不満
アドバイス・知識の的確さ	□満足 □やや満足 □普通 □やや不満 □不満

(5) ハニワ不動産でお部屋を決めた理由はなんですか？（複数可）

□物件に対する説明がわかりやすかった　□スタッフの対応が良かった　□金額がお手頃だった
□周辺環境などの情報提供があった　□紹介されたお部屋が良かった　□物件情報が豊富だった
□その他（　　　　　　　　　　　　　　　　　　　　　　　　　　　）

(6) ハニワ不動産に対して、総合的にどのくらい満足していますか？

□満足　□やや満足　□普通　□やや不満　□不満

(7) その他、ハニワ不動産へのご意見やご感想がございましたらお願いします。

ご協力ありがとうございました。
また、ご記入いただいた内容は弊社 HP へ記載されることがございますのでご了承ください。

① 導入部分で目的をしっかり説明し、不要な個人情報は聞かない

② 何を聞きたいのか明確にする

③ 選択式にして答えやすく

とりわけ編集力！

 もっと編集力！

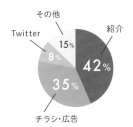

その他 15%
Twitter 8%
チラシ・広告 35%
紹介 42%

回収後の集計を見据えたアンケートの設問作りを心がけよう

アンケートは活用しなければ実施する意味がありません。そのアンケートで何が知りたいのか？ 何を改善したいのか？ それを踏まえて集計しやすい設問・選択肢を考えるようにしましょう。左のような集計をしたければ、自由記述だと集計が大変ですよね。

Before

■施工実績 1

B.R.I 株式会社　オフィスビル

レンガ調の外壁に金属素材のフレームを合わせ、暖かさの中にもモダンな印象を与えます。デザインのアクセントになっている大きな出窓は採光率が高く、明るく開放的なオフィスです。

施工概要	
建設地　大阪府 大阪市	敷地面積 780.33㎡
	延床面積 1209.40m²
用途 本社ビル	構造・規模　RC造地上3階

エントランス
外観のイメージに合わせ自然素材と金属を組み合わせました。床は石材をヘリンボーン柄に組み合わせシックな印象に。

リフレッシュルーム
明るい雰囲気をとのご要望を多く取り入れた設計に。レンジをイメージカラー

に沿って外光グリーンとオにしています。

受付
木の温もりをベースに石材でアクセントを。LED導光板照明を導入。

会議室
メープルの木材やタイルを使用した会議室。こちらも大きな窓からの採光で明るい雰囲気に。

写真が大事なので、1枚1枚に説明を入れて
しっかりアピールしています！

After

施工実績 01

B.R.I 株式会社 オフィスビル

建設地　　大阪府 大阪市
仕様用途　オフィスビル
完成　　　2020年1月
工事概要　RC造
　　　　　地上3階
　　　　　建築面積 780.33㎡
　　　　　延床面積 1209.40㎡

レンガ調の外壁に金属素材のフレームを合わせ、
暖かさの中にもモダンな印象を与えます。
デザインのアクセントになっている大きな出窓は
採光率が高く、明るく開放的なオフィスです。

写真を活かしたいときは、大きさや配置を工夫しよう。
印象がガラリと変わるぞ

定型文書

社内広報

社内プレゼン資料

社外広報

販売促進

社外プレゼン資料

Before

全体的にどこか野暮ったい印象

① 写真が小さい　**NG!**

■施工実績 1

B.R.I 株式会社　オフィスビル

レンガ調の外壁に金属素材のフレームを合わせ、暖かさの中にもモダンな印象を与えます。デザインのアクセントになっている大きな出窓は採光率が高く、明るく開放的なオフィスです。

施工概要		敷地面積 780.33㎡
建設地	大阪府 大阪市	延床面積 1209.40m²
用途 本社ビル		構造・規模　RC造地上 3階

エントランス
外観のイメージに合わせ自然素材と金属を組み合わせました。床は石材をヘリンボーン柄に組み合わせシックな印象に。

リフレッシュルーム
明るい雰囲気をとのご要望を多く取り入れた設計に。レンジをイメージカラー

に沿って外光グリーンとオにしています。

受付
木の温もりをベースに石材でアクセントを。ＬＥＤ導光板照明を導入。

会議室
メープルの木材やタイルを使用した会議室。こちらも大きな窓からの採光で明るい雰囲気に。

② 色数が多くまとまりがない

③ 文章が多く
余白が少ない

編集ポイント!

写真と余白で構成するシンプルで合理的なレイアウト

╲ ひときわ編集力! ╱

① 写真は断ち切りにすると、建築物のダイナミックさと空間の広がりを演出できます。見せたい部分は見切れないよう注意しましょう。

② 色数が多いとばらついた印象に。余計な色は使わず黒と白のみで構成してみましょう。あしらいも最小限にするとさらにすっきりします。

③ 写真をメインに見せるため、説明は極力少なく簡潔に。余白を多く設けると写真が際立ち、スタイリッシュでおしゃれな印象を与えられます。

After

ダイナミックで洗練されて見える

① 断ち切り写真で
ダイナミックに！

ひときわ
編集力！

good !

施 工 実 績 01

B.R.I 株式会社 オフィスビル

建設地	大阪府 大阪市
仕様用途	オフィスビル
完成	2020年1月
工事概要	RC造
	地上3階
	建築面積 780.33m²
	延床面積 1209.40m²

レンガ調の外壁に金属素材のフレームを合わせ、
暖かさの中にもモダンな印象を与えます。
デザインのアクセントになっている大きな出窓は
採光率が高く、明るく開放的なオフィスです。

② 使用する色は黒のみ

③ 文章を削って余白を多めに

もっと編集力！

Before

より洗練させるには要素の整列が鍵。
紙面が見違えるぞ！

After

写真や文章などの要素をきれいに整列することで相手にきちんと
した印象を与えます。ここで紹介したのはコツさえ掴めば簡単に
できるレイアウトです。こうした実績集は取引先にプレゼンする
際にも使えるので、営業ツールとして自作するのも良いでしょう。

定型文書

社内広報

社内プレゼン資料

社外広報

販売促進

社外プレゼン資料

三つ折りリーフレット

Before

親しみと安心感があるデザインにしたいけど難しいなぁ。
やっぱりデザイナーに頼もうかな〜〜

定型文書

社内広報

社内プレゼン資料

社外広報

販売促進

社外プレゼン資料

POINT!!

リーフレットは手に取りやすく、お店の顔にもなりうる販促ツール。
来店してもらえるよう働きかけるには、情報だけでなくお店のイメージも伝える工夫を。

After

ごあいさつ

患者さま一人ひとりと向き合います

同じ症状であっても、お子さんなのか、
成人の方なのか、ご高齢の方なのか、男性か女性か。
患者さま個々の要因で、治療経過が異なります。
そのため、当院では、患者さま一人ひとりのお口の
中の状態を正確に把握し、それぞれの患者さまに
合った治療を行うことを心がけています。
「かかりつけの歯医者が欲しい、歯のトラブルにつ
いて相談したい」という方、ぜひ当院にご相談くだ
さい。私たちは、患者さまとの距離が縮まるほど、
お互いに納得できるものと考え、信念を持った治療
を行います。

院長紹介

院長 内村 真斗
2013年 山都大学歯学部卒業
2013年 きさいち歯科 勤務
2021年 堀内デンタルクリニック
　　　　院長就任

当院について

施設名称　堀内デンタルクリニック
住　　所　〒569-0123
　　　　　大阪府大阪市南区井原町5-10
　　　　　UEビル2階
設　　立　平成1991年03月23日
スタッフ　10名（令和3年1月現在）

診察時間のご案内

診察時間	月	火	水	木	金	土	日
午前(10:00-13:00)	○	○	○	×	○	○	○
午後(17:00-20:00)	○	○	×	○	×	×	×

アクセス

■ 電車・バスでお越しの場合
JR線　王寺寺駅より徒歩1分または
最寄バス「王天天寺」駅で降車、徒歩1分
■ 車でお越しの場合
府道130号を大阪方面へ「JL王王寺」交差点を右折

お問い合わせ・ご予約

※完全予約制
TEL **06-0123-4567**
受付時間 10:00～19:00

医療法人 紅敬会

堀内デンタルクリニック

HORIUCHI Dental Clinic

診察科目
一般歯科・口腔外科

診察時間
午前 10:00～13:00
午後 17:00～20:00

定休日
毎週木曜日・日曜日

ちょっと待った、待った。
色や写真を変えれば明るいイメージを作れるぞ！

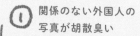

Before

堅く冷たい印象を与えている

① 関係のない外国人の写真が胡散臭い

② 信頼感が薄いカジュアルなフォント

NG!

ごあいさつ

患者さま 一人ひとりと向き合います

同じ症状であっても、お子さんなのか、成人の方なのか、ご高齢の方なのか、男性か、女性か…。患者さま個々の要因で、治療経過が異なります。
そのため、当院では、患者さま一人ひとりのお口の中の状態を正確に把握し、それぞれの患者さまに合った治療を行うことを心がけています。「かかりつけの歯医者が欲しい、歯のトラブルについて相談したい」という方、ぜひ当院にご相談ください。私たちは、患者さまとの距離が縮まるほど、お互いに納得できるものと考え、信念を持った治療を行います。

院長紹介

院長 内村 真斗

2013年 山都大学歯学部卒業
2013年 きさいち歯科 勤務
2021年 堀内デンタルクリニック
　　　　 院長就任

当院について

施設名称	堀内デンタルクリニック
住　　所	〒569-0123 大阪府大阪市南区井原町5-10 UEビル 2階
設　　立	平成1991年 03月 23日
スタッフ	10名（令和3年1月現在）

診察時間のご案内

診察時間	月	火	水	木	金	土	日
午前(10:00-13:00)	○	○	○	×	○	○	×
午後(17:00-20:00)	○	○	○	×	○	×	×

アクセス

ココ ★

● 電車・バスでお越しの場合
JR線　王天寺駅より徒歩1分
または景観バス「王天寺」駅で
降車、徒歩1分

● 車でお越しの場合
府道130号を大阪方面へ
「JR王天寺」交差点を右折

お問い合わせ・ご予約は

TEL 06-0123-4567
※完全予約制となります
受付時間　10:00〜19:00

医療法人 紅敬会
堀内デンタルクリニック
http://www.horiuchi_dc_21.com/

医療法人 紅敬会

堀内デンタルクリニック
HORIUCHI Dental Clinic

診察科目
一般歯科・口腔外科

診察時間
午前 10:00 〜 13:00
午後 17:00 〜 20:00

定休日
毎週木曜日・日曜日

③ 色が濃く、重い印象に

編集ポイント！

写真や形、色、フォントで優しさは演出できる

╲ とりわけ編集力！ ╱

① どんな雰囲気なのか、誰がやっているのかが見えないと、得体が知れず不安が募ります。スタッフや施設内の写真を入れて安心感を。

② カジュアルな印象のポップ体は医療系の広告物には不向き。丸ゴシックをポイントで使うと優しいイメージになります。あしらいもシンプルに。

③ 医療・福祉系のデザインなら明るい色を選びましょう。同じグリーン系でも明るい色なら親しみのある雰囲気になります。

After

明るく、親しみを感じるデザイン

とりわけ
編集力!

① どんな施設なのか
わかる

医療法人 紅敬会
堀内デンタルクリニック
HORIUCHI Dental Clinic

診察科目
一般歯科・口腔外科

診察時間
午前 10:00～13:00
午後 17:00～20:00

定休日
毎週木曜日・日曜日

ごあいさつ

患者さま一人ひとりと向き合います

同じ症状であっても、お子さんなのか、
成人の方なのか、ご高齢の方なのか、男性か女性か。
患者さま個々の要因で、治療経過が異なります。
そのため、当院では、患者さま一人ひとりのお口の
中の状態を正確に把握し、それぞれの患者さまに
合った治療を行うことを心がけています。
「かかりつけの歯医者が欲しい、歯のトラブルについて相談したい」という方、ぜひ当院にご相談ください。私たちは、患者さまとの距離が縮まるほど、
お互いに納得できるものと考え、信念を持った治療
を行います。

院長紹介

院長 内村 真斗

2013年 山都大学歯学部卒業
2013年 きさいち歯科 勤務
2021年 堀内デンタルクリニック
　　　　院長就任

当院について

施設名称　堀内デンタルクリニック
住　　所　〒569-0123
　　　　　大阪府大阪市南区井原町5-10
　　　　　UEビル2階
設　　立　平成1991年03月23日
スタッフ　10名（令和3年1月現在）

診察時間のご案内

診察時間	月	火	水	木	金	土	日
午前(10:00-13:00)	○	○	○	×	○	○	×
午後(17:00-20:00)	○	○	×	○	○	×	×

アクセス

■ 電車・バスでお越しの場合
JR線　王天寺駅より徒歩1分または
警備バス「王天寺」駅で降車、徒歩1分

■ 車でお越しの場合
府道130号を大阪方面へ「JL王天寺」交差点を右折

お問い合わせ・ご予約

※完全予約制
TEL **06-0123-4567**

受付時間 10:00～19:00

② フォントが柔らかく
とっつきやすい

③ 明るく、親しみあるカラー

もっと編集力!

①

②
③

**角丸四角形はあなどれない！
角の丸め方に注意して作ろう**

四角形は、角を少し丸めるだけで柔らかく優しい印象になります。
角丸四角形を使用する際は、いくつかの注意点を守って作りましょう。
①角丸が大きすぎると子どもっぽくなる ②複数使う場合は角丸の
大きさを統一する ③形を歪めない、などに気をつけましょう。

定型文書
社内広報
社内プレゼン資料
社外広報
販売促進
社外プレゼン資料

配色の考え方

　スライドやポスターに欠かせない「色」。色を選ぶのにセンスや難しい知識は必要ありません。色の持つ役割やイメージを正しく理解し、基本的なルールを守って色を選ぶだけで、今よりもさらに伝わる資料が作れますよ。

💡 配色から学ぶ編集力！

うちのコーポレートカラーって赤じゃないですか。
だから赤をメインにしようと思うんですが大丈夫ですか？

お、色のことを意識していて偉いな。
ちなみに何の資料を作ろうとしてるんだ？

業績報告の資料です！
今期は売上も上がったんで、インパクトのある資料が作りたくて！

うーん…売上アップの資料で赤はちょっとなあ…。
色が与えるイメージは結構大事だから使い方には気をつけろよ

　色選びは資料作りにおいて重要な鍵。同じ内容の資料でも、色が違えば与える印象も変わってきます。配色の編集力を身につけ、資料を見る相手の感情を上手にコントロールしましょう。

編集ポイント！

- 時間をかけず ・・・・・・・・・・・・・・・ 最初に基本の色を決める
- 読み手の負担も少なく ・・・・・・・・ 明度や彩度、バリアフリー配色
- 理解しやすく ・・・・・・・・・・・・・・・・ 色の持つイメージ
- 要点が伝わる ・・・・・・・・・・・・・ 色数、配色の割合　など

❶ 色数

基本的に、資料やスライドに使う色は文字色を含め3〜4色までにしましょう。色数が多すぎるとごちゃごちゃした印象を与え、読みづらくなってしまいます。基本の色を決め、色数を絞ることでわかりやすくなります。

Before

配色の考え方

色数を絞ろう

● 使う色は3〜4色まで
● 余計な色は使わない
● 統一感と読みやすさを意識

色が多すぎて何を強調したいのかわからず煩雑な印象に。

After

配色の考え方

色数を絞ろう

● 使う色は3〜4色まで
● 余計な色は使わない
● 統一感と読みやすさを意識

すっきりしていて重要な情報が伝わりやすい。

❷ 色の割合

一般に、ベースカラー70％、メインカラー25％、アクセントカラー5％の割合にするとバランス良く見えます。ベースカラーは背景色と文字色（基本的には白地に黒文字）なので、メインカラーを決めましょう。アクセントカラーはメインカラーの補色（反対色）か、赤系の色が目を引くのでおすすめです。

○背景色　●文字色　●メインカラー　●アクセントカラー

一目で正しく伝わる！
伝わりやすい資料になる
配色の考え方

デザイン課　藤原和也

配色の考え方

色数を絞る
使う色は3〜4色にしましょう。たとえきれいな色でも、色数が多いと煩雑な印象になってしまいます。余計な色を使わず、統一感と読みやすさを意識することが大切です。

色の割合
ベースカラー、メインカラー、アクセントカラーを決めて配色してスライド全体に適用すれば、統一感のある資料になります。

③ コントラスト

　ビジネス資料において、見出しは重要な存在です。まず見出しに視線を引きつけることで、本文へと引き込みます。文字の下に背景色を敷く場合、色の組み合わせによっては文字が読みづらくなってしまうため要注意。コントラストを意識して目立たせましょう。

Before

読みづらい組み合わせ	
明度に差がない 背景色と文字色に明度差がないので文字が沈んでしまい、読みづらい。	**文字がチカチカする** 明度の違いがなく彩度が高い色同士だと、ハレーションが起きて見づらくなってしまう。
濃い色同士はNG 背景と文字にコントラストがなく、視認性が低く文字がはっきり見えない。	左と同様、背景と文字にコントラストがなく、文字が飛んでしまい読みづらい。

文字が目に入ってこず、視認性が低い。

After

読みやすい組み合わせ	
明度に差がある 背景色と文字色にコントラストがあるので文字が見やすく読みやすい。	**文字は基本白か黒** 背景が暗めの色の場合は文字にはむやみに色を使わず、白を使うことで読みやすく。
コントラストを強く 濃いグレーには白を、薄いグレーには濃い色の文字を使うことで見やすくなる。	**コントラストを強く** 背景色が濃い場合は文字色を薄く、背景色が薄い場合は文字色を濃くしましょう。

文字がパッと目に飛び込んできて読みやすく、視認性が高い。

④ 色のイメージ

　色にはそれぞれイメージがあります。例えば、赤には「情熱」「活動的」といったイメージがありますが、「禁止」「危険」といったネガティブなイメージもあります。このような色のイメージを理解して配色することで、受け手の理解を促すことができます。配色で資料全体が与える印象をうまくコントロールしましょう。

Before

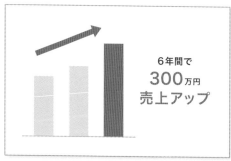

6年間で
300万円
売上アップ

「売上アップ」を示す資料だが、赤色は赤字のイメージもあるため、ちぐはぐな印象を受け、違和感がある。

After

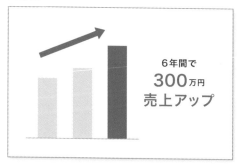

6年間で
300万円
売上アップ

青は「良好」「順調」のイメージがあるので、ビジネスシーンでのポジティブな内容は青色を使う方がベター。

⑤ 色のトーン

　目立たせようと思い、安直に彩度や明度が高すぎる色を使ってはいけません。特に、スライド資料をプロジェクターで映す場合、鮮やかすぎる色はチカチカして目が疲れてしまいます。少しくすみがかった色を使うことで目にも優しく、落ち着いていて見やすい資料に。文字色も真っ黒ではなく、濃いグレーにすると背景の白とコントラストが強くなりすぎず見やすくなります。

彩度：色の鮮やかさ
鮮やかでない　　　　　　鮮やか
低い ←──────→ 高い

明度：色の明るさ
暗い　　　　　　　　　　明るい
低い ←──────→ 高い

彩度とは、色の鮮やかさのこと。彩度が高いほど鮮やかな色（純色）に、低いほど地味な色になります。

明度とは、色の明るさのこと。明度が高いほど白っぽい色に、低いほど暗い色になります。

Before

彩度・明度が高すぎる色

彩度や明度が高すぎる色は目が疲れてしまいます。色の組み合わせも難しく、見栄えもイマイチです。

色が強すぎてどぎつい印象になってしまっている。

After

彩度・明度を抑えた落ち着いた色

トーンを抑えた、少しくすんだ色を使うと柔らかくて落ち着いた印象の資料に。

トーンを抑えて配色するとセンス良くまとまる。

もっと編集力！

色の組み合わせを考えるのが苦手な方に、おすすめの配色をご紹介します。業種やプレゼン内容に合った色を選ぶことで、よりいっそうメッセージが伝わりやすくなるでしょう。

EDIT

06

社外資料

| 社外広報

| 販売促進

| 社外プレゼン資料

1. 商品のプロモーション提案資料

2. 事業・サービス紹介のスライド

3. 商品提案の表紙スライド

4. 利用シーンのポイント比較資料

5. 新製品の機能説明資料

6. アプリ利用率の比較表

7. 他社との製品比較資料

社外プレゼン資料の目的とは

　社内プレゼンとの一番の違いは、相手が身内ではないことです。その相手に突然「この商品良いので買ってください！」と言っても、相手はまずその気分にもなっておらず、「本当にうちのことを真剣に考えてくれているのだろうか？」と不信感すら募らせてしまうかもしれません。その相手に「自分事」と捉えて同意をしてもらうためには、相手の感情を掴んで盛り上げることがとても大切です。そのためにも「読ませる」のではなく、ビジュアルや数字を活かして感情に訴えかける内容になるよう、資料作りの編集力を身につけましょう！

ロジックよりも感情が大事なんですよね！
それなら僕、いける気がします！

ロジカル「かつ」感情面も大事なんだ。
最終章でちゃんと学ぶんだぞ！

Before

morninリニューアルのプロモーション展開について

この度、morninのリニューアルに際し、以下のようなプロモーション展開を提案します。

旧パッケージ　　　新パッケージ

キャッチコピーは『乳酸菌の力で、おなかに「おはよう」を。』とし、身体に優しく、親しみやすい商品になったことをアプローチ。
また、リニューアルした成分特長を挙げ、より健康に配慮し、お子さまにも楽しんでいただける商品になったことを全面的に打ち出します。

新旧のパッケージを並べて、
文章で展開イメージを詳しく説明しました！

定型文書

社内広報

社内プレゼン資料

社外広報

販売促進

社外プレゼン資料

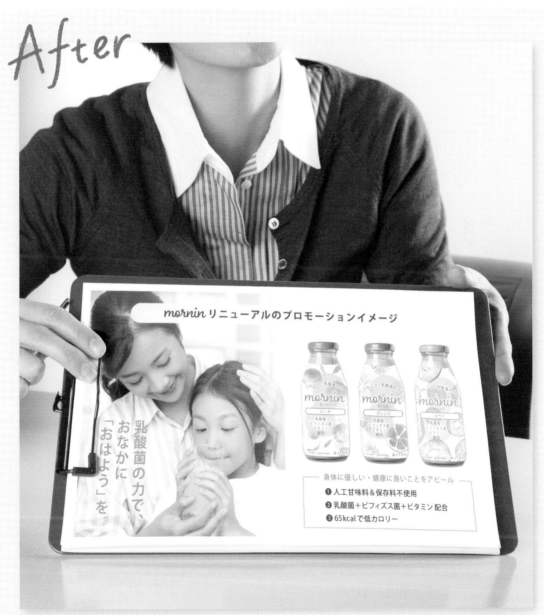

After

mornin リニューアルのプロモーションイメージ

乳酸菌の力で、
おなかに
「おはよう」を。

身体に優しい・健康に良いことをアピール

❶ 人工甘味料＆保存料不使用

❷ 乳酸菌＋ビフィズス菌＋ビタミン配合

❸ 65kcalで低カロリー

相手に今後のプロモーション展開を想像させて、
ワクワクした気持ちにさせることが大切なんだ

共感性の低い見せ方

① 明朝体で全体的に
　かしこまった印象に

② 堅苦しい前置き

morninリニューアルのプロモーション展開について

この度、morninのリニューアルに際し、以下のようなプロモーション展開を提案します。

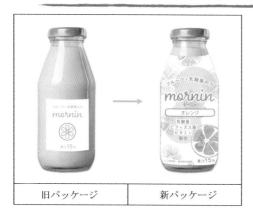

旧パッケージ	新パッケージ

キャッチコピーは『<u>乳酸菌の力で、おなかに「おはよう」を。</u>』とし、身体に優しく、親しみやすい商品になったことをアプローチ。
また、リニューアルした成分特長を挙げ、より健康に配慮し、お子さまにも楽しんでいただける商品になったことを全面的に打ち出します。

NG!

③ 文章が多すぎる

編集ポイント！

言葉だけでなくビジュアルで展開を想像させる

① 明朝体はかしこまった印象になり、また視認性が低くなります。プロモーション提案の場合は、読みやすいゴシック体にするのが良いでしょう。

② 堅苦しい前置きがあると、クライアントのテンションが上がりません。不要な文言は載せず、見せる資料はシンプルに、詳しい説明は口頭で。

＼ これこそ編集力！ ／

③ 写真がないとイメージが湧きにくく、文章を読み上げるだけでは相手の心に響きません。ビジュアルを見せ、クライアントの心を掴みましょう。

共感性の高い見せ方

① 安定感のあるゴシック体

② 不要な文言は省いた シンプルな構成

mornin リニューアルのプロモーションイメージ

乳酸菌の力で、おなかに「おはよう」を。

身体に優しい・健康に良いことをアピール

❶ 人工甘味料＆保存料不使用
❷ 乳酸菌＋ビフィズス菌＋ビタミン配合
❸ 65kcalで低カロリー

③ ビジュアルで相手の心を掴む‼

これこそ編集力！

定型文書
社内広報
社内プレゼン資料
社外広報
販売促進
社外プレゼン資料

もっと編集力！

社外向けのプレゼンでは、相手の感情を動かし共感してもらうことが重要だ

社外向けのプレゼン資料は、論理的構成だけでなく、相手の感情にアプローチする必要があります。文章ばかりの資料では、相手が読むことに集中してしまい、話を聞いてくれません。ビジュアルイメージを使って相手の気持ちに働きかけ、共感を狙いましょう。

事業・サービス紹介のスライド

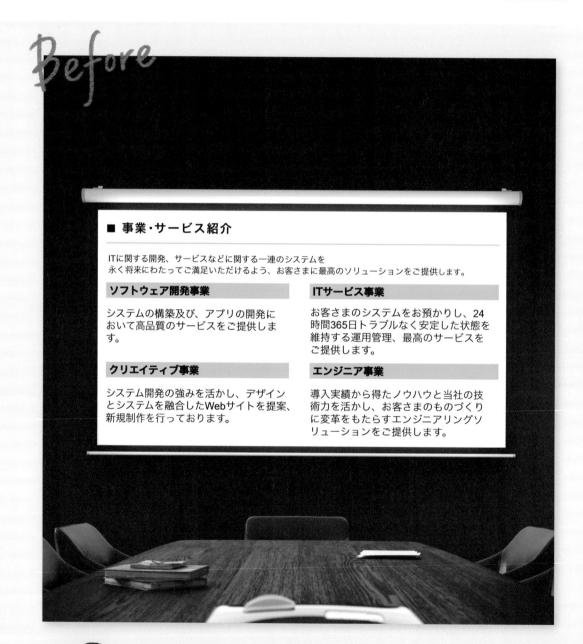

Before

■ 事業・サービス紹介

ITに関する開発、サービスなどに関する一連のシステムを
永く将来にわたってご満足いただけるよう、お客さまに最高のソリューションをご提供します。

ソフトウェア開発事業

システムの構築及び、アプリの開発に
おいて高品質のサービスをご提供しま
す。

ITサービス事業

お客さまのシステムをお預かりし、24
時間365日トラブルなく安定した状態を
維持する運用管理、最高のサービスを
ご提供します。

クリエイティブ事業

システム開発の強みを活かし、デザイン
とシステムを融合したWebサイトを提案、
新規制作を行っております。

エンジニア事業

導入実績から得たノウハウと当社の技
術力を活かし、お客さまのものづくり
に変革をもたらすエンジニアリングソ
リューションをご提供します。

事業詳細、しっかりまとめました!
最初に知ってもらうことが大事ですもんね!

事業紹介は挨拶のようなもの。「何者か」が直感的に伝わればOK！
事業の詳細を最初から知ってもらう必要はないので、あくまで補足的に。

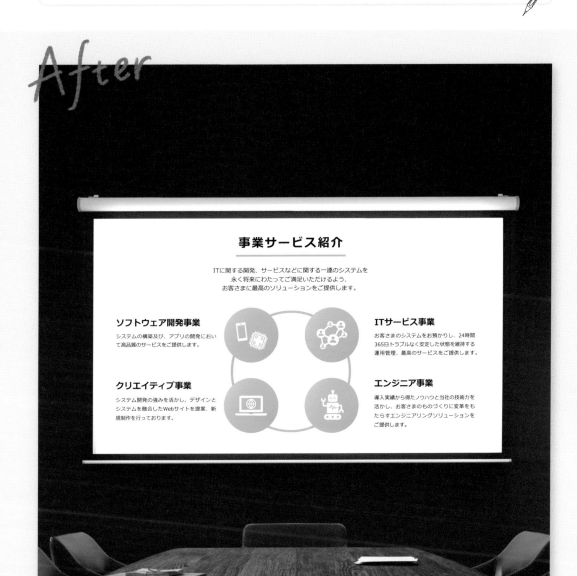

定型文書

社内広報

社内プレゼン資料

社外広報

販売促進

社外プレゼン資料

最初だからこそ、「あ、4つの柱ね」がシンプルに伝われば
いいんだ。詳細はその次でいいんだよ

文章だけでは全体像が掴みにくい

① 文字サイズに強弱がなく
見た瞬間「うっ」となる

② 4つあることはわかるが
逆に言えばそれしか
伝わらない

■ 事業サービス紹介

ITに関する開発、サービスなどに関する一連のシステムを
永く将来にわたってご満足いただけるよう、お客さまに最高のソリューションをご提供します。

ソフトウェア開発事業

システムの構築及び、アプリの開発に
おいて高品質のサービスをご提供しま
す。

ITサービス事業

お客さまのシステムをお預かりし、24
時間365日トラブルなく安定した状態
を維持する運用管理、最高のサービス
をご提供します。

クリエイティブ事業

システム開発の強みを活かし、デザイン
とシステムを融合したWebサイトを提
案、新規制作を行っております。

エンジニア事業

導入実績から得たノウハウと当社の技
術力を活かし、お客さまのものづくり
に変革をもたらすエンジニアリングソ
リューションをご提供します。

NG!

③ 全体がぎゅうぎゅうで見づらい

編集ポイント！

図に置き換えられるかを考えてみる

＼こだわり編集力！／

① 事業紹介は、会社の
自己紹介のようなも
の。内容はもちろん、見た
目の印象も大切です。相
手が読みたくなるようなレ
イアウトを心がけましょう。

② 社外スライドはい
かにわかりやすく印
象に残るかがポイント。
常に「この文章は図解でき
ないか？」を考えながら資
料を作りましょう。

③ 文字サイズがほぼ変
わらず余白もないた
め、どこから読んでいいの
かわからずストレスを与え
てしまいます。余白や強弱
を活かして視線の誘導を。

図を取り入れて全体像を掴んでもらう

こだわり
編集力！

② 図にすることで
「4つの柱」感が強まる

① 文字サイズに強弱があり

タイトルが目に入る

事業サービス紹介

ITに関する開発、サービスなどに関する一連のシステムを
永く将来にわたってご満足いただけるよう、
お客さまに最高のソリューションをご提供します。

ソフトウェア開発事業

システムの構築及び、アプリの開発におい
て高品質のサービスをご提供します。

ITサービス事業

お客さまのシステムをお預かりし、24時間
365日トラブルなく安定した状態を維持する
運用管理、最高のサービスをご提供します。

クリエイティブ事業

システム開発の強みを活かし、デザインと
システムを融合したWebサイトを提案、新
規制作を行っております。

エンジニア事業

導入実績から得たノウハウと当社の技術力を
活かし、お客さまのものづくりに変革をも
たらすエンジニアリングソリューションを
ご提供します。

③ 余白を多くとることで
中心に視線が集中する

もっと編集力！

ＰｏｗｅｒＰｏｉｎｔにはさまざまな図形があるから
うまく使って直感的に伝わる紙面を作ってみよう

難しく捉えなくても、丸や四角だけで簡単にこういったイメー
ジ図を作ることができます。また、PowerPointやExcelにある
Smart Artを利用すれば組織図や循環図、マトリックス図なども簡
単に作れるのでぜひチャレンジしてみましょう。

定型文書
社内広報
社内プレゼン資料
社外広報
販売促進
社外プレゼン資料

商品提案の表紙スライド

PowerPointのデザインテンプレートを使って
おしゃれにしましたよ！

プレゼンテーションの表紙は長々と相手に読ませるようなものではダメ。
タイトルとビジュアルで直感的に伝わるものにしよう。

定型文書

社内広報

社内プレゼン資料

社外広報

販売促進

社外プレゼン資料

クライアントへのプレゼン資料は掴みである表紙が大事だ！
前向きに聞いてもらう状況を作らないと

タイトルが長く堅苦しい印象

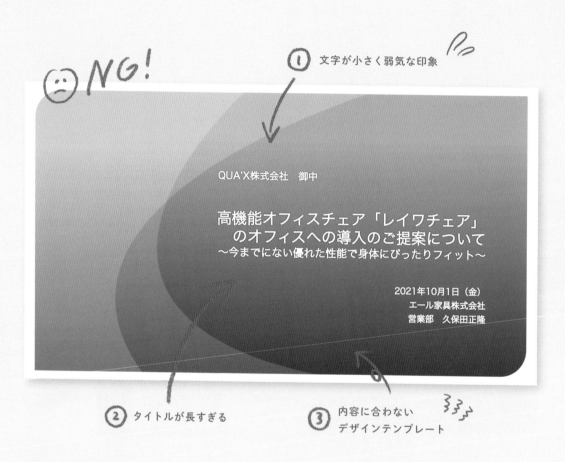

NG!

① 文字が小さく弱気な印象

QUA'X株式会社　御中

高機能オフィスチェア「レイワチェア」
のオフィスへの導入のご提案について
〜今までにない優れた性能で身体にぴったりフィット〜

2021年10月1日（金）
エール家具株式会社
営業部　久保田正隆

② タイトルが長すぎる

③ 内容に合わない
デザインテンプレート

編集ポイント！

読ませる表紙から、見せる表紙へ

① スライドの表紙は、相手が最初に見るものなので、文字が小さく弱気に見えるものはNG。文字は大きく、太字にするなどしてメリハリを。

＼ ひときわ編集力！ ／

② 長々としたタイトルはそれだけで相手を構えさせてしまいます。一目で内容がわかるよう、タイトルは大きく、端的に書きましょう。

③ 内容に関係のないデザインテンプレートを使用するのは△。写真を使えば直感的に内容を理解できるうえに、相手の興味を引くこともできます。

インパクトのある、興味を引く表紙

① 文字にメリハリがあり読みやすい‼

③ 写真のおかげで
プレゼンの内容がイメージしやすい

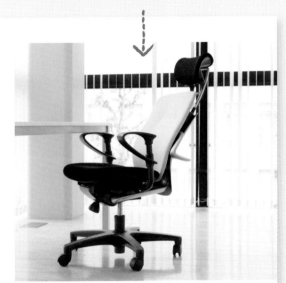

QUA'X株式会社 御中

高機能オフィスチェア
「レイワチェア」
導入のご提案

2021.10.1

YeIL furniture　エール家具株式会社
営業部　久保田正隆

② 一目で内容がわかる
タイトル

ひときわ編集力！

定型文書
社内広報
社内プレゼン資料
社外広報
販売促進
社外プレゼン資料

もっと編集力！

社外プレゼンの表紙はインパクトが大切。写真を上手に使って相手の心を掴もう

プレゼンの内容に合った写真を効果的に使うことで、より相手に内容のイメージを印象付けられます。写真を全面に配置してその上にタイトルを重ねたり、写真を切り抜いて配置したりするとインパクトが出せますよ。

利用シーンのポイント比較資料

比較ポイントをたくさん挙げてみました！
イメージしやすいようにイラストも使いましたよ！

比較のためにと情報をたくさん見せても逆効果。
大まかでもいいので簡潔にポイントを絞って説明しよう。

After

ポイントが多すぎるだろう…
イラストもちょっとバイアスがかかりそうだな…

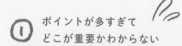

情報量が多く混乱させてしまう

① ポイントが多すぎて
どこが重要かわからない

② イラストに統一感がなく
余計な情報も多い

デバイス別 オンラインショッピングの利用状況

パソコン

- 自宅でじっくりと商品について検討したい。
- オフィスで業務時間中に発注をしたい。
- 大きなディスプレイで写真や説明を読んで商品イメージをしっかりと把握したい。
- 複数のサイトを比べて購入先を検討したい。
- 他のサイトや動画を見て情報を調べ、より多くの情報を得たうえで比較検討したい。
- 画面が大きいので検索結果などでたくさんの商品を一覧できる。
- スマホではセキュリティに不安がある。

スマートフォン

- 外出先などで思い立った時にすぐに利用したい。
- 決まった商品を購入する際にわざわざパソコンを立ち上げるのが面倒。
- 移動中や待ち合わせなどの空き時間の暇つぶしに。
- 店頭で商品を見ながら価格比較したい。
- 家族や他の人に商品を見せたい時に。
- アプリやキャリア決済を利用してポイントなどのお得なサービスを受けたい。
- SNSを閲覧中に広告からサイトへアクセスすることも。

③ 文字がぎゅうぎゅうで読みづらい

編集ポイント！

特徴を伝えたい場合は3つにまとめると覚えやすい

これこそ編集力！

① 文章を読ませるのではなく、ポイントを絞って簡潔にまとめましょう。どこが重要なのか整理することはプレゼンするうえでも役立ちます。

② イラストを使う場合は題材に合ったものを選びましょう。「性別」「使用シーン」など余計な情報のないアイコンのようなものがおすすめです。

③ 枠を使った構成は一見整理されているようですが、文字が詰まって読みづらくなることも。余白や線を使って区切ればすっきり読みやすく！

ポイントは3つで簡潔に！

これこそ編集力！

① ポイントが簡潔で
わかりやすい

② シンプルなイラストで
イメージが伝わりやすい

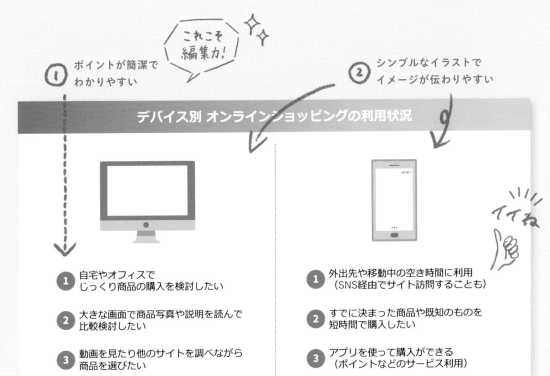

デバイス別 オンラインショッピングの利用状況

① 自宅やオフィスで
じっくり商品の購入を検討したい

② 大きな画面で商品写真や説明を読んで
比較検討したい

③ 動画を見たり他のサイトを調べながら
商品を選びたい

① 外出先や移動中の空き時間に利用
（SNS経由でサイト訪問することも）

② すでに決まった商品や既知のものを
短時間で購入したい

③ アプリを使って購入ができる
（ポイントなどのサービス利用）

いいね

③ 余白が多く
すっきり読みやすい！！

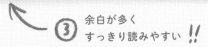

もっと編集力！

3つのポイント
1. aaaaaaaaaaaaa
2. aaaaaaaaaaaaa
3. aaaaaaaaaaaaa

3つのポイント
1. aaaaaaaaaaaaa
2. aaaaaaaaaaaaa
3. aaaaaaaaaaaaa

内容を詳細に説明したいときは、
目次ページを頭につけると理解しやすくなるぞ

しっかりと文章で説明したい場合は頭に目次ページをつけて
その後に説明ページを続けましょう。初めに大まかなポイント
を提示することで内容が理解しやすくなります。読み込まな
くても伝えたい内容が伝わるように構成を考えてみましょう。

定型文書
社内広報
社内プレゼン資料
社外広報
販売促進
社外プレゼン資料

吹き出しを使って機能のポイントをまとめました！
この製品、魅力的ですよね〜！

相手に見てもらう順番としては、まず製品全体を捉えてもらい、
そこから細かい機能を順に追ってもらえるようにすること。

After

定型文書・

社内広報

社内プレゼン資料

社外広報

販売促進

社外プレゼン資料

吹き出しが主張しすぎで
せっかくの製品の魅力が台無しじゃないか？

吹き出しが多く視線がぶれてしまう

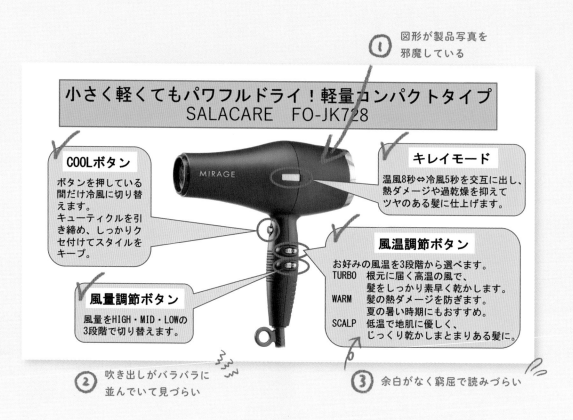

① 図形が製品写真を邪魔している

小さく軽くてもパワフルドライ！軽量コンパクトタイプ
SALACARE　FO-JK728

COOLボタン
ボタンを押している間だけ冷風に切り替えます。
キューティクルを引き締め、しっかりクセ付けてスタイルをキープ。

キレイモード
温風8秒⇔冷風5秒を交互に出し、熱ダメージや過乾燥を抑えてツヤのある髪に仕上げます。

風温調節ボタン
お好みの風温を3段階から選べます。
TURBO　根元に届く高温の風で、髪をしっかり素早く乾かします。
WARM　髪の熱ダメージを防ぎます。夏の暑い時期にもおすすめ。
SCALP　低温で地肌に優しく、じっくり乾かしまとまりある髪に。

風量調節ボタン
風量をHIGH・MID・LOWの3段階で切り替えます。

② 吹き出しがバラバラに並んでいて見づらい

③ 余白がなく窮屈で読みづらい

編集ポイント！

見る人の視線を誘導する親切な設計を心がける

＼ とりわけ編集力！ ／

① 吹き出しやあしらいが製品写真を邪魔するのはNG。シンプルな引き出し線だと製品写真を邪魔することなく、ごちゃごちゃしません。

② 吹き出しがあちこちにあると、視線が迷ってしまいます。行頭を揃えるだけできれいに見えて読みやすく、印象の良さもUPします。

③ 吹き出しの中も全体も、余白がないと窮屈で文字が読みづらくなってしまいます。適度な余白を作り、ゆとりを持たせることで読みやすくなります。

定型文書

社内広報

社内プレゼン資料

社外広報

販売促進

社外プレゼン資料

After — 引出し線と余白で読みやすく印象アップ

とりわけ
編集力!

① 引き出し線だと
製品写真を邪魔しない

MIRAGE

SALACARE
FO-JK728

小さく軽くてもパワフルドライ！
軽量コンパクトタイプ

COOLボタン
ボタンを押している間だけ冷風に切り替え。
キューティクルを引き締め、
しっかりクセ付けてスタイルをキープ。

風量調節ボタン
風量をHIGH・MID・LOWの
3段階で切り替えます。

キレイモード
温風8秒⇔冷風5秒を交互に出し、熱ダメージや
過乾燥を抑えてツヤのある髪に仕上げます。

風温切替ボタン
お好みの風温を3段階から選べます。
TURBO　根元に届く高音の風で、髪を素早くドライ。
WARM　熱ダメージを防ぐ。夏の暑い時期にもおすすめ。
SCALP　低温で地肌に優しい、じっくり乾かすモード。

② 揃っていて見やすい

③ 文字間にゆとりがあり、
スライド自体にも余白があり読みやすい

もっと編集力！

Before
Aモード
Bボタン
C機能

After
Aモード
Bボタン
C機能

グラフや画像に引き出し線を入れる際は
角度を揃えるとより見やすいぞ

「揃える」という技は、見やすい資料作りにおいて最も地味で
最も大事なことかもしれません。クライアントやお客さまに
資料をお見せするときは、社内よりもより一層余計なストレ
スを与えないよう気をつけることが大切です。

東南アジアにおける Talkun アプリ利用率

国名	人口（万人）	スマホ普及率	アプリ利用率
マレーシア	3,200	88%	70%
シンガポール	564	91%	78%
タイ	6,891	71%	52%
合計	3,552	83%	67%

タイのアプリ利用率が52%

現在、アプリの利用率が52%と低いタイだが ミレニアル世代が最もスマホを所持しているため、
新規展開のターゲットにふさわしい。今後はさらに強化してアプリの利用率をあげていきたい。

アプリの利用率を表にしてまとめました。
注目すべきところは赤字にしています！

POINT!!

「数字＝表」としがちだが、グラフィックを用いて情報をわかりやすく
視覚化すると、より簡潔に説明できる。

After

割合を表現したいときは情報を視覚化するといいぞ。
インフォグラフィックってやつだな

言いたいことが簡潔に伝わらない

① 表はわかりやすい一方で
理解してもらうのに時間がかかる

東南アジアにおける ❀ Talkun アプリ利用率

国名	人口（万人）	スマホ普及率	アプリ利用率
マレーシア	3,200	88%	70%
シンガポール	564	91%	78%
タイ	6,891	71%	52%
合計	3,552	83%	67%

タイのアプリ利用率が52%

現在、アプリの利用率が52%と低いタイだが ミレニアル世代が最もスマホを所持しているため、
新規展開のターゲットにふさわしい。今後はさらに強化してアプリの利用率をあげていきたい。

② 国旗とかけはなれた
色を使うとややこしい

③ 色を変えるだけでは
インパクトが少ない

編集ポイント！

インフォグラフィックで情報やデータを視覚化する

＼ こだわり編集力！ ／

① グラフィックを使って情報を視覚的に表現することでわかりやすくなります。また、インパクトやちょっとしたワクワク感も与えられますよ。

② 人は色と記憶を結びつけて理解します。イメージと違う色を使うと相手に違和感を与えてしまい、ストレスを感じさせてしまうことも。

③ 一番言いたいところをどう見せるかが肝心です。色の差だけでは「違い」しか伝わらず、そこに説得力とインパクトを与えたいなら工夫が必要！

After

情報が視覚化されてわかりやすい

こだわり
編集力！

① 情報が視覚的に伝わる

good！

東南アジアにおける ❋ Talkun アプリ利用率

	人口 (スマホ普及率)	アプリ利用率	
マレーシア	3,200万人 (88%)		**70**%
シンガポール	564万人 (91%)		**78**%
タイ	6,891万人 (71%)		**52**%

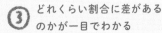
新規展開のターゲット

② 国旗のアイコンを使うと
より直感的にわかりやすい

③ どれくらい割合に差がある
のかが一目でわかる

もっと編集力！

Before
20% 80%

強調の仕方はいろいろある。
状況に応じて見せ方を工夫してみよう

After
20% 80%

太文字にしたり赤色にしたりするのはよくある強調の方法。ただ、
シェア率など「量」を見せたいときは、塗り面積に強弱をつけると直
感的に「多い」「少ない」を伝えることができます。状況に応じて見せ
方を工夫してみましょう。

定型文書

社内広報

社内プレゼン資料

社外広報

販売促進

社外プレゼン資料

Before

うちの製品と比較してもらえるように
他社製品の性能について詳しくまとめました！！

定型文書

社内広報

社内プレゼン資料

社外広報

販売促進

社外プレゼン資料

POINT!!

クライアントに製品の魅力を長々と説明するより、
マップを見せて視覚的に優位性を訴えて信頼を得よう。

After

他社製品との比較マップ　　　　　　　　　　　　　　SAYJO

空気清浄効果が高い

現在ご使用の機種よりも
大幅に機能性UP！

● 当社の製品
● 現在ご使用中の他社製品

低価格　　　　　　　　　　　　　　　　　　　　高価格

空気清浄効果が低い

その資料も必要だが、まずはポジションマップを見せて
うちの製品の優位性をアピールするんだ！

優位性が伝わらない

① 文章メインの表の比較では特徴がわかりづらい

他社製品との比較表

現在ご使用の機種よりも大幅に機能性UP！

	SAYJO	TACHIBA	Elefuture	YAMANO	parallel	DANSON
価格	29,700	27,500	15,400	18,700	18,700	38,500
サイズ	640×380×300mm	620×398×300mm	520×360×200mm	615×399×230mm	597×385×201mm	700×260×260mm
質量	11.8kg（水なし）	13kg（水なし）	12.5kg（水なし）	7.5kg	11kg（水なし）	10kg
運転音	強：52dB 静音：23dB	強：54dB 静音：23dB	強：42dB 静音：23dB	強：49dB 静音：23dB	強：42dB 静音：23dB	強：55dB 静音：25dB
機能	・最新のTAFUフィルターを採用 ・マイナスイオンで空気中のニオイを分解 ・人感センサー付きで人の在/不在によって気流を制御 ・風量は7.6m³/分と加湿機能付きの空気清浄機としては業界最高レベル ・銀イオンカートリッジ搭載で10年交換不要	・0.3μmの微粒子を99.9%キャッチするHEPAフィルター搭載 ・活性炭とイオンのダブル消臭で部屋中のニオイを除去 ・独立気流制御で加湿運転時でも空気清浄運転時でも同じ風量をキープ ・4Lの水タンクで最大量の運転で5時間加湿可能 現在ご使用の機種	・0.3μm以上の粒子を97%以上キャッチするHEPAタイプフィルター搭載（PM2.5にも効果あり） ・スチーム式の加湿機能搭載 ・風量は4.0m³/分でスリムタイプの小型製品としてはハイパワー ・ニオイセンサーもついており、同ラインでは最安価	・独自のナノ除菌フィルターと脱臭フィルターのWフィルターで空気中のホコリやニオイ、ウイルスを除去 ・ゴミを巻き込む独自機能搭載 ・専用アプリによるスマホ連動で、天気予報に合わせた自動運転やAIによる制御も可能	・0.3μmの微粒子を99.9%キャッチするHEPAフィルター搭載 ・プラズマ脱臭フィルターで空気中の気になるニオイを強力に除去 ・ニオイセンサーの感度を上げて脱臭する「ペット専用運転モード」搭載 ・スマホ連動で空気状態の分析、表示や給水状態などの確認が可能	・0.3μmの微粒子を99.9%キャッチするHEPAフィルター搭載 ・活性炭フィルターがペット臭やタバコ臭などの気になるニオイを素早く除去 ・風量は7.6m³/分と強く、独自のファンが力強く大容量の空気を吸引 ・自動おそうじ機能つき

② お客さまはすべての機能を見せられても困るかもしれない

③ 比較した中で自社製品に優位性があることが直感的に伝わらない

編集ポイント！

マップやグラフなら一目で伝わる

＼とりわけ編集力！／

① 数値データだけの比較であればこういった表が適していますが、機能の詳細比較をお客さまに見ていただく場合には補足資料としましょう。

② すべての機能を見せるのではなく、お客さまが重要視している機能にフォーカスを当てて見せると話もスムーズに進むでしょう。

③ 比較資料では自社製品がどの位置にあるかを見せることが大切です。自社製品の優位性が伝わるよう項目選びや見せ方に工夫を。

After ───────────

一目で可能性を感じる！

定型文書

社内広報

社内プレゼン資料

社外広報

販売促進

社外プレゼン資料

とりわけ
編集力！

① ポジショニングマップで
一目で製品の位置づけがわかる

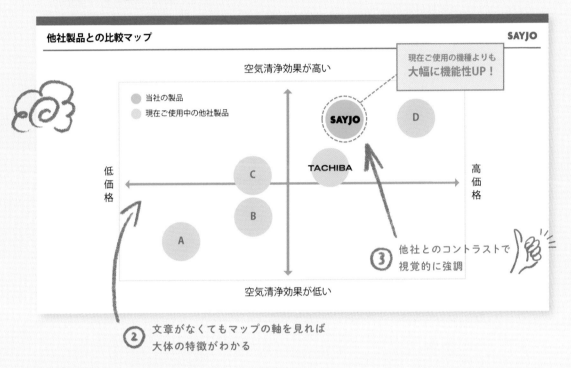

他社製品との比較マップ **SAYJO**

現在ご使用の機種よりも
大幅に機能性UP！

空気清浄効果が高い

● 当社の製品
● 現在ご使用中の他社製品

SAYJO D

低価格 **TACHIBA** 高価格

C

B

A

③ 他社とのコントラストで
視覚的に強調

空気清浄効果が低い

② 文章がなくてもマップの軸を見れば
大体の特徴がわかる

 もっと編集力！

Before

AAA	BBB
	CCC

After

∞	)
	🔥

**アイコンやブランドロゴを使うと
さらに直感的に伝わる内容になるぞ**

文字の代わりにアイコンやブランドロゴを配置するとより直
感的に伝えることができます。素材が用意できる場合には積
極的に使ってみましょう。自社のロゴを強調したい場合には
丸で囲んだり矢印を引いて目線を誘導すると見やすくなります。

もっと！デザインにこだわるなら 社外資料編

お客さまや取引会社に向けて発信する社外資料は、社内資料よりもさらに見栄えに配慮しましょう。こだわりを持って作ったデザインはきっと相手の心を動かします。ここでは資料がグッと魅力的になる編集ポイントを紹介します。少しコツが必要ですが、ぜひ挑戦してみてください。

だいぶデザインのことがわかってきました！
僕もそろそろAdobeソフトが必要だよな〜

おっ、言うようになったな！
PowerPointが使いこなせるように
なったら考えてやろう

case 01

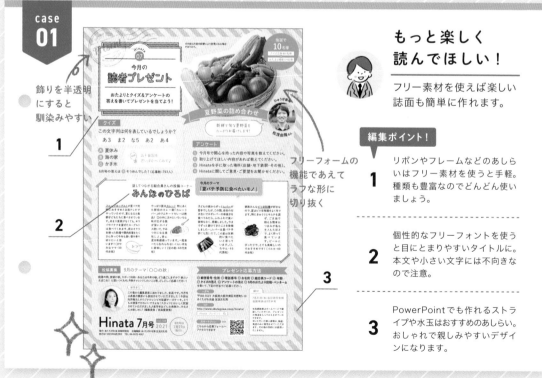

飾りを半透明
にすると
馴染みやすい

1

2

フリーフォームの
機能であえて
ラフな形に
切り抜く

3

もっと楽しく読んでほしい！

フリー素材を使えば楽しい誌面も簡単に作れます。

編集ポイント！

1 リボンやフレームなどのあしらいはフリー素材を使うと手軽。種類も豊富なのでどんどん使いましょう。

2 個性的なフリーフォントを使うと目にとまりやすいタイトルに。本文や小さい文字には不向きなので注意。

3 PowerPointでも作れるストライプや水玉はおすすめのあしらい。おしゃれで親しみやすいデザインになります。

case 02

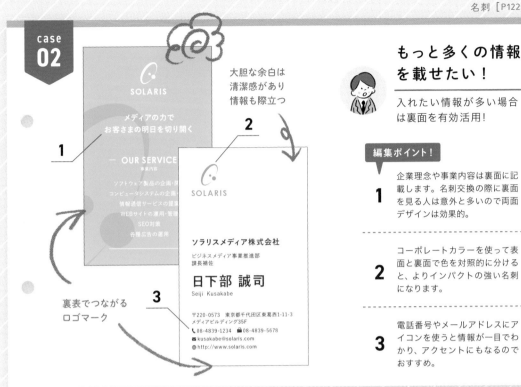

大胆な余白は
清潔感があり
情報も際立つ

裏表でつながる
ロゴマーク

ソラリスメディア株式会社

ビジネスメディア事業推進部
課長補佐

日下部 誠司
Seiji Kusakabe

〒220-0573　東京都千代田区東葛西1-11-3
メディアビルディング35F
📞 08-4839-1234　📠 08-4839-5678
✉ kusakabe@solaris.com
🌐 http://www.solaris.com

もっと多くの情報を載せたい！

入れたい情報が多い場合は裏面を有効活用！

編集ポイント！

1 企業理念や事業内容は裏面に記載します。名刺交換の際に裏面を見る人は意外と多いので両面デザインは効果的。

2 コーポレートカラーを使って表面と裏面で色を対照的に分けると、よりインパクトの強い名刺になります。

3 電話番号やメールアドレスにアイコンを使うと情報が一目でわかり、アクセントにもなるのでおすすめ。

case 03

インテリアを
イメージさせる
家の図形

丸をはみ出させる
と窮屈さを感じさ
せない

もっとかっこいいデザインにしたい！

より感度の高い人向けのスタイリッシュなデザインに。

編集ポイント！

1 写真を左右どちらかに寄せるだけでも印象が変わります。タイトルと写真を重ねると一体感のあるデザインに。

2 テーマカラーに落ち着いた色を選ぶと印象がガラリと変わります。背景にも薄い色を敷くとより大人っぽい雰囲気に。

3 数字を味のあるフォントに変更するだけでデザインのアクセントになります。ラフな筆記体だとメリハリが出て◎

社外プレゼンの流れ

限られた時間の中でわかりやすく伝える、それがプレゼンの目的です。しかし、身内ではないお客さまや取引先向けのプレゼンでは、内容を説明をするだけでは同意は得られません。直感的に理解できる表現や、相手視点でのアプローチで感情を盛り上げることが成功への鍵です。

社外プレゼンの流れから学ぶ編集力！

明日のお客さまプレゼン、導入部分を任されたんですよ！
前座だからちょっと気持ちが楽ですけどね！

営業でのプレゼンは最初が大事だぞ！！
最初にぐっと共感を得ていい雰囲気を作れるように頑張れよ

えええ！ めちゃくちゃ責任重大じゃないですか…！
最近何か面白いことあったかなあ…

おいおい、最終的に購入を決めてもらうことが目的なんだから
それにつながるような掴みを頼んだぞ…！！！

相手の心を引きつけるプレゼンにするには説明する順番と共感させる説明の仕方が重要です。効果的な道筋をたどって、説得力のある資料を作りましょう！

編集ポイント！

- 時間をかけず ・・・・・・・・ フォーマット化する、最初のゴール設定
- 読み手の負担も少なく ・・・・・ どうしてほしいか明確にする、Zの法則
- 理解しやすく ・・・・・・・・・・・・・ 1スライド1メッセージ
- 要点が伝わる ・・・・・・・・・ 課題→提案→効果の構成 など

❶ ストーリーを作る

プレゼンのゴール設定

資料を作る前に、まずはこのプレゼンを通じて相手に最終的に「どうしてほしいか」「どうなってほしいか」すなわちゴールを明確にしておくことが最も重要です。「商品を購入してほしい」「企画を承認してほしい」など、具体的に設定されていれば、スライドを作る途中で迷子になることもありません。

- 企画を採用してほしい
- 新商品を購入してほしい
- 工事を受注したい
- 店舗に来てほしい
- まずはサービスを体験してほしい
- 問い合わせしてほしい　　　など

この企画、良い！と思ってもらうだけではダメなんですね〜

メンバーが複数人の場合はしっかり共有するんだぞ

プレゼンの道筋

社外でも社内でも、大まかなプレゼンの流れは同じです。以下のように、課題→提案→効果の順にステップを踏んで説明すると論理的で相手が納得しやすい展開になります。社外プレゼンの場合は、さらに「行動喚起」の流れを加えて相手を次の行動に導きましょう。社内プレゼンでは、実施計画やコストに関する「具体的計画」にも触れると具体性が増します。

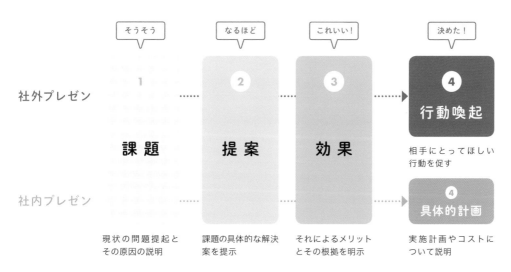

② 全体の構成

では実際に、前のページで作ったストーリーをもとにスライドを構成してみましょう。ここではクライアントとの合同企画提案のプレゼンを例にステップごとに詳しく説明していきます。必要に応じて詳細説明のスライドを加えることも可能です。

1 課題

導入部で興味を引く

最初に相手の共感を得る大切な部分です。相手の視点に立って質問を投げかけたり、具体的な数字を使うなどして興味を引く工夫をしましょう。

問題提起で意識させる

課題やそれを生み出す原因について説明します。1メッセージや箇条書きなど、聞き手が直感的に共感できるよう簡潔に。関連性のある写真を使うとより関心を高められます。

感情に訴えるなら全面写真！

2 提案

提案を開示する

ここからが本題です。まず最初に、課題を解決するための案を提示します。全体像がイメージできる写真や図を入れると、相手に明確なイメージを与えられます。

特徴や魅力をアピールする

提案の特徴、機能などのポイントを説明します。魅力は山ほどありますが、まずは簡潔な箇条書きで3つにまとめましょう。詳細を説明する場合は1項目1シートに展開し、続けて説明するとよいでしょう。

行頭は色や図形で目立たせる

3 効果

相手のメリットを明示する

この提案によって相手が得られるメリットを伝えます。具体的な利益や割合の数字を示すだけでなく、その提案が実現した未来の姿をイメージさせることがポイント。

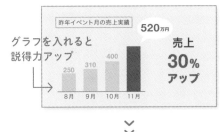

根拠の説明で信頼を得る

メリットを説明したら、必ずその根拠も説明します。これまでの実績や実際のお客さまの声などを示すことで信頼が増します。自信を持って伝えられるよう確実な裏付けを。

4 行動喚起

相手の決断につなげるひと押し

最後は、相手に決断と行動を促す内容に。ここでは相手が魅力を感じる広報内容で決断を呼びかけています。購入や問い合わせを促す場合は、その方法を明記します。特典や保証も強い後押しとなるので、何かアピールできることがないか考えてみましょう。

もっと編集力！

社外向けのプレゼンでは、提案の質を踏まえたうえで、いかに相手の感情を動かし、「自分事」として捉えてもらい、行動につなげてもらうかが重要になります。プレゼンの成功が、新しい仕事や、この先もずっと続く信頼関係に結びつくこともあります。相手の考え方に寄り添い、同じ目線で表現するために、以下の3つのポイントを意識してみてください。

1 ビジュアル要素で未来を想像させる

2 具体的な数字で直感に訴える

3 1メッセージまたは3つの箇条書きで記憶させる

フリー素材について

　資料作成において、ビジュアル素材をうまく使うことで視覚的に理解しやすい内容が作れれば、より直感的にメッセージを伝えることができます。作成ソフトの中にもアイコンや吹き出しなどがいくつか準備されていますが、イメージに合うものがない場合もあります。ここではビジネス資料作成に役立つフリー素材サイトを紹介していますので、ぜひご参考ください。

● フリー素材にはどんなものがある？

● 写真

● イラスト

● アイコン

● 装飾

● 吹き出し

● テンプレート

● フリー素材の参考サイト

写真　写真AC
https://www.photo-ac.com/

写真　写真素材 足成
http://www.ashinari.com/

イラスト　無料イラスト素材ドットコム
http://www.無料イラスト素材.com/

イラスト　イラストAC
http://www.ac-illust.com/

アイコン　FLAT ICON DESIGN
http://flat-icon-design.com/

アイコン　ヒューマンピクトグラム 2.0
http://pictogram2.com/

ICOOON MONO
https://icooon-mono.com/

 吹き出し

フキダシデザイン
https://fukidesign.com/

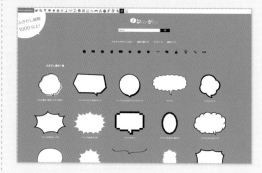

装飾

Frame Design
https://frames-design.com/

テンプレート

素材工場
https://sozaikoujou.com/

※ ここではおすすめのカテゴリーに分けて素材サイトを紹介していますが、カテゴリーを超えた
豊富な素材を収めたサイトもあるので、用途にあわせてご活用ください。

 ## 使用時の注意

　ここでは基本的に商用利用が可能なフリー素材サイトをご紹介していますが、使用許諾範囲はサイトによって異なります。用途によっては使用不可となる場合もありますので、素材を使用する前に必ず利用規約を確認してください。写真やイラストをうまく活用して、より伝わる魅力的な資料に仕上げましょう！

あとがき

―――― 新米はじめ、入社2年目に向けて ――――

日報とか議事録とか
今まで正直めんどくさいな〜と思ってたんですが
「編集力」を学んでから
作るのも速くなりましたよ！

確かに前よりも要点を押さえて書けるようなったな！
本部長も評価してたぞ！

お客さまのプレゼン資料はどうだ？

お客さまの反応が変わってきた気がします…

「なるほどな〜…」って言ってもらえたときは
なんだかすごく嬉しかったです…

相手を動かせたんだな。
まあ、最初は文章は長いわ、見にくいわ、色多いわで
だいぶ修正したけどな…

2年目は「編集力」の引き出しをもっと増やして
仕事の質もスピードももっと上げて

後輩に「編集力」を伝授しようと思います！

【 主要参考文献 】

社外プレゼンの資料作成術 / ダイヤモンド社 / 2016

社内プレゼンの資料作成術 / ダイヤモンド社 / 2015

プレゼン資料のデザイン図鑑 / ダイヤモンド社 / 2019

一生使える 見やすい資料のデザイン入門 / インプレス / 2016

伝わるデザインの基本 増補改訂版 よい資料を作るためのレイアウトのルール / 技術評論社 / 2016

すぐに使える! 公務員のデザイン大全 / 学陽書房 / 2019

※ 上記に加え、Webサイトやビジネス週刊誌、新聞各紙などの記事も参考にしました。

ingectar-e

デザイン事務所 / 有限会社インジェクターイーユナイテッド / 代表 寺本恵里

【URL】http://ingectar-e.com

イラスト・デザイン素材集やハンドメイド系書籍、デザイン教本などの書籍の執筆、制作。
京都、大阪で「ROCCA&FRIENDS」などカフェの運営、店舗展開、デザイン、企画などもしている。

【 著作物 】

「けっきょく、よはく。余白を活かしたデザインレイアウトの本」（2018 / ソシム）

「ほんとに、フォント。フォントを活かしたデザインレイアウトの本」（2019 / ソシム）

「あるあるデザイン 言葉で覚えて誰でもできる レイアウトフレーズ集」（2019 / エムディエヌコーポレーション）

「かわいいデザイン 女の子が好きな「かわいい」あるあるデザイン集」（2019 / エムディエヌコーポレーション）　　　他多数

ビジネス資料のデザイン編集
資料作成の編集とデザインがわかる本

2020年　3月10日 初版第1刷発行
2023年 10月　5日 初版第6刷発行

[著　　者]　ingectar-e
[制　　作]　ingectar-e united Co.Ltd
[編集人]　平松 裕子
[発行人]　片柳 秀夫
[発　　行]　ソシム株式会社
　　　　　　　https://www.socym.co.jp/
　　　　　　　〒101-0064
　　　　　　　東京都千代田区神田猿楽町1-5-15 猿楽町SSビル
　　　　　　　TEL：03-5217-2400（代表）
　　　　　　　FAX：03-5217-2420
[印刷・製本]　中央精版印刷株式会社

定価はカバーに表示してあります。
落丁・乱丁本は弊社編集部までお送りください。
送料弊社負担にてお取り替えいたします。